计算机技术应用及信息安全管理研究

刘艳丽　曾　光　杨　倩◎著

图书在版编目（CIP）数据

计算机技术应用及信息安全管理研究 / 刘艳丽，曾光，杨倩著. -- 北京 : 中国商务出版社，2022.10
ISBN 978-7-5103-4432-9

Ⅰ. ①计… Ⅱ. ①刘… ②曾… ③杨… Ⅲ. ①电子计算机—信息安全—安全技术 Ⅳ. ①TP309

中国版本图书馆CIP数据核字(2022)第180774号

计算机技术应用及信息安全管理研究
JISUANJI JISHU YINGYONG JI XINXI ANQUAN GUANLI YANJIU
刘艳丽　曾光　杨倩　著

出　　版：中国商务出版社
地　　址：北京市东城区安外东后巷28号　　邮　编：100710
责任部门：教育事业部（010-64283818）
责任编辑：刘姝辰
直销客服：010-64283818
总 发 行：中国商务出版社发行部（010-64208388　64515150）
网购零售：中国商务出版社淘宝店（010-64286917）
网　　址：http://www.cctpress.com
网　　店：https://shop162373850.taobao.com
邮　　箱：347675974@qq.com
印　　刷：北京四海锦诚印刷技术有限公司
开　　本：787毫米×1092毫米　1/16
印　　张：10.5　　字　数：217千字
版　　次：2023年5月第1版　　印　次：2023年5月第1次印刷
书　　号：ISBN 978-7-5103-4432-9
定　　价：60.00元

前　言

随着互联网技术的日益发展，其应用领域也愈加广泛和深入，覆盖办公、学习及娱乐等诸多领域。尤其是计算机技术的全面应用为网络信息提供了更多维的渠道，大幅提升了社会生产生活效率。但网络信息条件下的安全管理问题也随之逐步暴露出来，为此应加强信息安全管理工作，加紧做好计算机应用中的信息安全管理，适应快速变革下的网络环境，应对各类复杂的安全挑战。

基于此，本书以“计算机技术应用及信息安全管理研究”为选题，在内容编排上共设置七章。第一章主要阐释计算机的发展历程、计算机的类型划分、计算机技术的应用范围；第二章分析计算机硬件系统及其技术应用，内容包括计算机中央处理器与存储器、计算机输入/输出设备与总线技术、计算机硬件组成设备维护技术应用；第三章分析计算机软件系统及其技术应用，内容包括传统计算机软件系统、网络计算机软件系统、计算机软件开发中分层技术的应用；第四章探讨计算机网络技术的创新发展与应用，内容涵盖计算机网络技术中人工智能技术及应用、虚拟化技术的特征与应用、云计算的应用与设计；第五章重点研究计算机信息安全及技术发展、计算机密码学与密钥管理、计算机身份认证与访问控制；第六章从三方面——计算机防火墙与入侵检测技术、计算机虚拟专用网技术、计算机病毒及其防范技术，研究计算机信息安全与防范技术；第七章探索计算机信息安全教育与管理策略。

本书结构层次严谨、条理清晰分明、内容翔实丰富，在循序渐进论述计算机及信息安全管理相关理论的同时，注重探索计算机的实际应用技术，兼顾了计算机技术应用及信息安全管理工作的各方面。

笔者在撰写本书的过程中，得到了许多专家学者的帮助和指导，在此表示诚挚的谢意。由于笔者水平有限，加之时间仓促，书中所涉及的内容难免有疏漏之处，希望各位读者多提宝贵意见，以便笔者进一步修改，使之更加完善。

目　录

第一章　绪论 ········· 1

第一节　计算机的发展历程 ········· 1
第二节　计算机的类型划分 ········· 4
第三节　计算机技术的应用范围 ········· 10

第二章　计算机硬件系统及其技术应用 ········· 20

第一节　计算机中央处理器与存储器 ········· 20
第二节　计算机输入/输出设备与总线技术 ········· 29
第三节　计算机硬件组成设备维护技术应用 ········· 50

第三章　计算机软件系统及其技术应用 ········· 55

第一节　传统计算机软件系统 ········· 55
第二节　网络计算机软件系统 ········· 68
第三节　计算机软件开发中分层技术的应用 ········· 70

第四章　计算机网络技术的创新发展与应用 ········· 75

第一节　计算机网络技术中人工智能技术及应用 ········· 75
第二节　计算机网络技术中虚拟化技术的特征与应用 ········· 77
第三节　计算机网络技术中云计算的应用与设计 ········· 79

第五章　计算机信息安全与控制研究 ········· 81

第一节　计算机信息安全及技术发展 ········· 81
第二节　计算机密码学与密钥管理 ········· 92
第三节　计算机身份认证与访问控制 ········· 98

第六章　计算机信息安全与防范技术 ········· 110

第一节　计算机防火墙与入侵检测技术 …… 110
第二节　计算机虚拟专用网技术 …… 125
第三节　计算机病毒及其防范技术 …… 138

第七章　计算机信息安全教育与管理策略 …… 146

第一节　计算机信息安全教育策略 …… 146
第二节　计算机信息安全管理策略 …… 148

参考文献 …… 159

第一章　绪论

第一节　计算机的发展历程

计算机的发展历程通常以构成计算机的电子器件来划分，目前计算机已经更新了四代，正在向第五代过渡。每一个计算机的发展阶段在技术上都是一次新的突破，在性能上都是一次质的飞跃。

一、第一代计算机（1946 年—1958 年）

1946 年 2 月 14 日，由美国军方定制的世界上第一台全自动电子计算机——电子数字积分计算机（Electronic Numerical Integrator And Calculator，ENIAC）问世。ENIAC（中文译名：埃尼阿克）由宾夕法尼亚大学的约翰·莫克利（John Mauchly）博士与研究生约翰·普雷斯帕·埃克特（John Presper Eckert）一起建造，它开辟了信息时代的新纪元，是人类第三次产业革命开始的标志。

ENIAC是第一台真正意义上的电子数字计算机，这台计算器使用了 17 840 支电子管，大小为 80 英尺 ×8 英尺，重达 28t，功耗为 170kW，其运算速度为每秒 5 000 次的加法运算，造价约为 487 000 美元。硬件方面的逻辑元件采用真空电子管，主存储器采用汞延迟线、阴极射线示波管静电存储器、磁鼓和磁芯，外存储器采用磁带；软件方面采用机器语言、汇编语言，应用领域以军事和科学计算为主。ENIAC 的特点是体积大、功耗高、可靠性差、速度慢（一般为每秒数千次至数万次）、价格昂贵，但为以后的计算机发展奠定了基础。

ENIAC从 1946 年 2 月开始投入使用，直到 1955 年 10 月最后切断电源，服役 9 年多。

二、第二代计算机（1958 年—1964 年）

1947 年，贝尔实验室的威廉•肖克利（William Shockley）、约翰•巴丁（John Bardeen）和沃尔特•布拉顿（Walter Brattain）发明了晶体管（也称半导体），晶体管在大多数场合都可以完成真空管的功能，而且体积小、质量小、速度快，它很快就替代真空管成为电子设备的核心组件。最先使用晶体管技术的是早期的超级计算机，主要用于原子科学的大量数据处理，这些机器价格昂贵，生产数量极少。

1954 年，贝尔实验室研制出世界上第一台全晶体管计算机 TRADIC，装有 800 只晶体管，功率仅 100W，它成为第二代计算机的典型机器。期间，其他代表机型有 IBM7090 和 PDP-1（后来贝尔实验室的 Ken Thompson 在一台闲置的 PDP-7 主机上创造了 UNIX 操作系统）。

计算机中存储的程序使得计算机有很好的适应性，主要用于科学和工程计算，也可以更有效地用于商业用途。在这一时期出现了更高级的 COBOL 语言和 FORTRAN 语言等，以单词、语句和数学公式代替了含混晦涩的二进制机器码，使计算机编程更容易。新的职业（程序员、分析员和计算机系统专家）和整个软件产业由此诞生。

三、第三代计算机（1964 年—1971 年）

1958 年至 1959 年期间，仙童公司与德仪公司间隔数月分别发明了集成电路（IC），开创了世界微电子学的历史。IC 是采用一定工艺技术把一个电路中所需的晶体管、二极管、电阻、电容和电感等元件及布线互连在一起，制作在一小块或几小块半导体晶片或介质基片上，然后封装在一个管壳内，其基本特征是逻辑元件采用小规模集成电路（SSI）和中规模集成电路（MSI）。集成电路的规模生产能力、可靠性、电路设计的模块化方法，确保了快速采用标准化集成电路代替了设计使用的离散晶体管。第三代电子计算机的运算速度每秒可达几十万次到几百万次，存储器进一步发展，体积越来越小，价格越来越低，软件也越来越完善。集成电路的发明促使国际商业机器公司(IBM)决定召集6万多名员工，创建 5 座新工厂。

1964 年，IBM 公司生产出了由混合集成电路制成的 IBM350 系统，这成为第三代计算机的重要里程碑，其典型机器是 IBM360。由于当年计算机昂贵，IBM 360 售价为 200 万～250 万美元（约合现在的 2 000 万美元），只有政府、银行、航空公司和少数学校才能负担得起。为了让更多人用上计算机，麻省理工学院、贝尔实验室和通用电气公司共同研发出分时多任务操作系统 Multics（UNIX 的前身，绝大多数现代操作系统都深受 Multics 的影响）。Multics 的概念是希望计算机的资源可以为多终端用户提供计算服务（这个思路和云计算基本一致），后因 Multics 难度太大，项目进展缓慢，贝尔实验室和通用电气公司相继退出此项目。

曾参与 Multics 开发的贝尔实验室的程序员肯•汤普森（Ken Thompson）因为需要新的操作系统来运行他的《星际旅行》游戏，在申请机器经费无果的情况下，他找到一台废弃的 PDP-7 小型机器，开发了简化版的 Multics——这就是第一版的 UNIX 操作系统。丹尼斯·麦卡利斯泰尔·里奇（Dennis MacAlistair Ritchie）在 UNIX 的程序语言基础上发明了 C 语言，然后汤普森和里奇用 C 语言重写了 UNIX，由此奠定了 UNIX 坚实的基础。

四、第四代计算机（1971 年至今）

1970 年以后，出现了采用大规模集成电路（LSI）和超大规模集成电路（VLSI）为主要电子器件制成的计算机，重要分支是以大规模、超大规模集成电路为基础发展起来的微处理器和微型计算机。第四代计算机的发展可以划分为以下阶段：

第一阶段是1971年—1973年，这是8位中高档微处理器的时代，微处理器有4004、4040、8008，此时指令系统已经比较完善。1971年Intel公司研制出MCS4微型计算机，后来又推出以8008为核心的MCS-8型。

第二阶段是1973年—1977年，这是微型计算机的发展和改进阶段，微处理器有8080、8085、M6800、Z80。Intel公司的初期产品有MCS-80型，后期有TRS-80型和APPLE-Ⅱ型，在20世纪80年代初期曾一度风靡世界。

第三阶段是1978年—1984年，这是16位微处理器的时代，微处理器有8086、8088、80186、80286、M68000、Z8000。本阶段的顶峰产品是APPLE公司的Macintosh（1984年）和IBM公司的PC/AT286（1986年）微型计算机。

第四阶段是1985年—1992年，这是32位微处理器的时代，微处理器有80386、80486。1989年发布的80486处理器实现了5级标量流水线，标志着中央处理器（CPU）的初步成熟，也标志着传统处理器发展阶段的结束。

第五阶段是1993年—2005年，这是Pentium（中文译名：奔腾）系列微处理器的时代。1995年11月，Intel公司发布了奔腾处理器，该处理器首次采用超标量指令流水结构，引入指令的乱序执行和分支预测技术，大大提高了处理器的性能，超标量指令流水线结构一直被后续出现的现代处理器采用。

第六阶段是2005年—2021年，现代处理器不断推动着上层信息系统向前发展。处理器逐渐向更多核心，更高并行度发展。典型代表有Intel的酷睿系列处理器和AMD的锐龙系列处理器。

五、第五代计算机

第五代计算机也被称为智能计算机，是将信息采集、存储、处理、通信同人工智能结合在一起的智能计算机系统。第五代计算机能进行数值计算或处理一般的信息，主要能面向知识处理，具有形式化推理、联想、学习和解释的能力，能够帮助人们进行判断、决策、开拓未知领域和获得新的知识。人机之间可以直接通过自然语言（声音、文字）或图形图像交换信息。

第五代计算机是为适应未来社会信息化的要求而提出的，与前四代计算机有着本质的区别，是计算机发展史上的一次重大变革。

（一）第五代计算机的基本结构

第五代计算机通常由问题求解与推理、知识库管理和智能化人机接口三个基本子系统组成。

问题求解与推理子系统相当于传统计算机中的中央处理器，与该子系统打交道的程序语言称为核心语言，国际上都以逻辑型语言或函数型语言为基础进行这方面的研究，它是构成第五代计算机系统结构和各种超级软件的基础。

知识库管理子系统相当于传统计算机主存储器、虚拟存储器和文件系统的结合，与该子系统打交道的程序语言称为高级查询语言，用于知识的表达、存储、获取和更新等，这个子系统的通用知识库软件是第五代计算机系统基本软件的核心。通用知识库包含：日用词法、语法、语言字典和基本字库常识的一般知识库；用于描述系统本身技术规范的系统知识库以及将某一应用领域，如超大规模集成电路设计的技术知识集中在一起的应用知识库。

智能化人机接口子系统是使人能通过说话、文字、图形和图像等与计算机对话，用人类习惯的各种可能方式交流信息。在智能化人机接口子系统中，自然语言是最高级的用户语言，它使非专业人员操作计算机，并为从中获取所需的知识信息提供可能。

（二）第五代计算机的研究领域

当前，第五代计算机的研究领域大体包括人工智能、系统结构、软件工程和支援设备，以及对社会的影响等。人工智能的应用将是未来信息处理的主流，因此，第五代计算机的发展必将与人工智能、知识工程和专家系统等的研究紧密相连。

电子计算机的基本工作原理是先将程序存入存储器中，然后按照程序逐次进行运算。这种计算机是由美国物理学家约翰·冯·诺依曼（John von Neumann）首先提出理论和设计思想的，因此又被称为“诺依曼机器”。“第五代计算机系统结构将突破传统的诺依曼机器的概念，这方面的研究课题主要包括逻辑程序设计机、函数机、相关代数机、抽象数据型支援机、数据流机、关系数据库机、分布式数据库系统、分布式信息通信网络等。”①

第二节　计算机的类型划分

计算机的类型划分方式有很多种。

按照计算机处理的对象及其数据的表示形式可分为数字计算机、模拟计算机、数字模拟混合计算机：①数字计算机输入、处理、输出和存储的数据都是数字量，这些数据在时间上是离散的；②模拟计算机输入、处理、输出和存储的数据是模拟量（如电压、电流等），这些数据在时间上是连续的；③数字模拟混合计算机将数字技术和模拟技术相结合，兼有数字计算机和模拟计算机的功能。

按照计算机的用途及其使用范围可分为通用计算机和专用计算机：①通用计算机具有广泛的用途，可用于科学计算、数据处理、过程控制等；②专用计算机适用于某些特殊的应用领域，如智能仪表，军事装备的自动控制等。

按照计算机的规模可分为巨型计算机、大型计算机、小型计算机、微型计算机、工作站、服务器等类型。

① 潘银松，颜烨，高瑜.计算机导论[M].重庆：重庆大学出版社，2020：21.

下面以计算机的规模为划分依据，对计算机的类型进行具体论述。

一、巨型计算机

巨型计算机（超级计算机）诞生于 1983 年 12 月，它使用通用处理器及 UNIX 或类 UNIX 操作系统（如 Linux），计算的速度与内存性能、大小相关，主要应用于密集计算、海量数据处理等领域。巨型机一般都需要使用大量处理器，由多个机柜组成，在政府部门和国防科技领域曾得到广泛的应用。

20 世纪 90 年代中期以来，巨型机的应用领域开始得到扩展，从传统的科学和工程计算延伸到事务处理、商业自动化等领域。IBM 公司曾致力于研究尖端超级计算，在计算机体系结构中，在必须编程和控制整体并行系统的软件中和在重要生物学的高级计算中应用，Blue Gene/L 超级计算机就是 IBM 公司、利弗摩尔实验室和美国能源部为此而联合制作完成的超级计算机。目前，我国的巨型机研发工作也取得了很大的进步，推出了“天河”“神威”等代表国内最高水平的巨型机系统，并在国民经济的关键领域得到了广泛应用。

二、大型计算机

大型计算机一般作为大型商业服务器用于大型事务处理系统，特别是过去完成的且不值得重新编写的数据库应用系统方面，其应用软件通常是硬件成本的好几倍。大型机体系结构的最大优点是无与伦比的输入 / 输出（I/O）处理能力——虽然大型机处理器并不总是拥有领先优势，但是它们的 I/O 体系结构使它们能处理好几个 PC 服务器才能处理的数据；大型机的另一些特点包括它的大尺寸和使用液体冷却处理器阵列。因此，在使用大量中心化处理的组织中，大型机仍有重要的地位。

由于小型计算机的到来，新型大型机的销售速度已经明显放缓。在电子商务系统中，如果数据库服务器或电子商务服务器需要高性能、高效的I/O处理能力，可以采用大型机。

三、小型计算机

小型计算机是相对于大型计算机而言的，小型计算机的软件、硬件系统规模比较小，但价格低、可靠性高，便于维护和使用。近年来，小型机的发展也引人注目，特别是缩减指令系统计算机（RISC）体系结构，顾名思义是指令系统简化、缩小了的计算机，而过去的计算机则统属于复杂指令系统计算机（CISC）。

小型机的运行原理类似于个人电脑（PC）和服务器，但性能及用途又与它们截然不同，它是 20 世纪 70 年代由 DCE 公司 (数字设备公司) 首先开发的一种高性能计算产品。小型机具有区别 PC 及其服务器的特有体系结构，还有各制造厂自己的专利技术，这就意味着各公司小型机机器上的插卡（如网卡、显示卡、SCSI 卡等）可能也是专用的。此外，小型机使用的操作系统一般是基于 UNIX 的，所以小型机是封闭专用的计算机系统，使用小型机的用户一般是看中UNIX操作系统的安全性、可靠性和专用服务器的高速运算能力。

生产小型机的厂商主要有IBM、惠普、浪潮、曙光等，IBM的典型机器有AS/400、RS/6000等。AS/400主要应用在银行和制造业，还有用于Domino服务器，主要技术在于技术独立机器界面（TIMI）、单级存储，有了TIMI技术可以做到硬件与软件相互独立；RS/6000比较常见，一般用于科学计算和事务处理等。它们的主要特色在于年宕机时间只有几小时，所以又统称为z（zero，零）系列。

目前，为扩大小型计算机的应用领域，出现了采用各种技术研制出超级小型计算机，这些高性能小型计算机的处理能力达到或超过了低档大型计算机的能力。因此，小型计算机和大型计算机的界线也有了一定的交错。

小型计算机提高性能的技术措施主要有以下四方面：

第一，字长增加到32位，以便提高运算精度和速度，增强指令功能，扩大寻址范围，提高计算机的处理能力。

第二，采用大型计算机中的一些技术，如采用流水线结构、通用寄存器、超高速缓冲存储器、快速总线和通道等来提高系统的运算速度和吞吐率。

第三，采用各种大规模集成电路，用快速存储器、门阵列、程序逻辑阵列、大容量存储芯片和各种接口芯片等构成计算机系统，以缩小体积和降低功耗，提高性能和可靠性。

第四，研制功能更强的系统软件、工具软件、通信软件、数据库和应用程序包，以及能支持软件核心部分的硬件系统结构、指令系统和固件，软件、硬件结合起来构成用途广泛的高性能系统。

四、微型计算机

微型计算机是由大规模集成电路组成的体积较小的电子计算机，它是以微处理器为基础，配以内存储器及I/O接口电路和相应的辅助电路而构成的裸机。微型计算机的特点是体积小、灵活性大、价格便宜、使用方便。

自1981年IBM公司推出第一代微型计算机IBM个人电脑（IBM-PC）以来，微型机以其执行结果精确、处理速度快捷、性价比高、轻便小巧等特点迅速进入社会各个领域，且技术不断更新、产品快速换代，从单纯的计算工具发展成为能够处理数字、符号、文字、语言、图形、图像、音频、视频等多种信息的强大多媒体工具。如今的微型机产品无论从运算速度、多媒体功能、软硬件支持，还是易用性等方面，都比早期产品有了质的飞跃。许多公司也争相研制微处理器，推出了8位、16位、32位、64位的微处理器。每18个月微处理器的集成度和处理速度就提高一倍，价格却下降一半。

通常，微型计算机可分为以下类型：

（一）工业控制计算机

工业控制计算机（控制机）是一种采用总线结构，对生产过程及其机电设备、工艺装备进行检测与控制的计算机系统总称。

控制机由计算机和过程I/O两大部分组成，在计算机外部又增加一部分过程I/O通道，用来将工业生产过程的检测数据送入计算机进行处理；将计算机要行使对生产过程控制的命令、信息转换成工业控制对象的控制变量信号，再送往工业控制对象的控制器中，由控制器行使对生产设备的运行控制。

（二）个人计算机

个人计算机（PC）是指一种大小、价格和性能适用于个人使用的多用途计算机，从台式机、电脑一体机、笔记本式计算机到掌上电脑和平板电脑等都属于个人计算机。

（1）台式机。台式机是应用非常广泛的微型计算机，是一种独立分离的计算机，体积相对较大，主机、显示器等设备一般都是相对独立的，需要放置在电脑桌或者专门的工作台上，因此命名为“台式机”。台式机的机箱空间大、通风条件好，具有很好的散热性；独立的机箱方便用户进行硬件升级（如显卡、内存、硬盘等）；台式机机箱的开关键、重启键、通用串行总线（USB）、音频接口都在机箱前置面板中，方便用户使用。

(2) 电脑一体机。电脑一体机是由一台显示器、一个键盘和一个鼠标组成的计算机，它的芯片、主板与显示器集成在一起，显示器就是一台计算机，只要将键盘和鼠标连接到显示器上机器就能使用。随着无线技术的发展，电脑一体机的键盘、鼠标与显示器可实现无线连接，机器只有一根电源线，在很大程度上解决了台式机线缆多而杂的问题。

（3）笔记本式计算机。笔记本式计算机是一种小型、可携带的个人计算机，通常质量为 1 ～ 3kg。与台式机架构类似，笔记本式计算机具有更好的便携性。笔记本式计算机除键盘外，还提供了触控板或触控点，提供了更好的定位和输入功能。

（4）掌上电脑。掌上电脑主要提供记事、通讯录、名片交换及行程安排等功能，可以帮助人们在移动中工作、学习、娱乐等。按使用来分类可分为工业级掌上电脑和消费品 PDA，工业级掌上电脑主要应用在工业领域，常见的有条形码扫描器、RFID 读写器、POS 机等；消费品 PDA 包括的比较多，如智能手机、手持的游戏机等。

（5）平板电脑。平板电脑（平板式计算机）是一种小型、方便携带的个人计算机，以触摸屏作为基本的输入设备，它的触摸屏允许用户通过手、触控笔或数字笔来进行作业而不是传统的键盘或鼠标。用户可以通过内置的手写识别、屏幕上的软键盘、语音识别或者一个外接键盘（如果该机型配备的话）实现输入。

（三）嵌入式计算机

嵌入式计算机即嵌入式系统，是一种以应用为中心、以微处理器为基础，软硬件可裁剪的，适用于应用系统对功能、可靠性、成本、体积、功耗等综合性严格要求的专用计算机系统。嵌入式系统一般由嵌入式微处理器、外围硬件设备、嵌入式操作系统及用户的应用程序四个部分组成。

嵌入式系统是计算机市场中增长最快的，也是种类繁多、形态多种多样的计算机系统。嵌入式系统几乎包括了生活中的所有电器设备，如计算器、电视机顶盒、手机、数字电视、多媒体播放器、微波炉、数字相机、家庭自动化系统、电梯、空调、安全系统、自动售货机、消费电子设备、工业自动化仪表与医疗仪器等。

五、工作站

工作站是一种高端的通用微型计算机，它是由计算机和相应的外部设备以及成套的应用软件包所组成的信息处理系统，能够完成用户交给的特定任务，是推动计算机普及应用的有效方式。工作站能提供比个人计算机更强大的性能，尤其是图形处理能力和任务并行方面的能力，通常配有高分辨率的大屏、多屏显示器及容量很大的内存储器和外部存储器，并且具有极强的信息和高性能的图形、图像处理功能。另外，连接到服务器的终端机也可称为工作站。工作站的应用领域有科学和工程计算、软件开发、计算机辅助分析、计算机辅助制造、工程设计和应用、图形和图像处理、过程控制和信息管理等。工作站应具备强大的数据处理能力，有直观的便于人机交换信息的用户接口，可以与计算机网络相连，在更大的范围内互通信息，共享资源。常见的工作站有计算机辅助设计（CAD）工作站（或称工程工作站）、办公自动化（OA）工作站、图像处理工作站等。

根据软、硬件平台的不同，工作站可分为基于精简指令系统（RISC）架构的UNIX系统工作站和基于Windows、Intel的PC工作站；根据体积和便携性，工作站还可分为台式工作站和移动工作站。不同的工作站标配不同的硬件，工作站配件的兼容性问题虽然不像服务器那样明显，但从稳定性角度考虑，通常还需使用特定的配件，这主要是由工作站的工作性质决定的。

需要注意的是，工作站区别于其他计算机，特别是区别于PC机，它对显卡、内存、CPU、硬盘都有更高的要求。

六、服务器

服务器是计算机的一种，它比普通计算机运行更快、负载更高、价格更贵，服务器可以在网络中为其他客户机提供计算或应用服务。服务器具有高速的CPU运算能力、长时间的可靠运行、强大的I/O外部数据吞吐能力以及更好的扩展性。根据所提供的服务，服务器都具备响应服务请求、承担服务、保障服务的能力。服务器作为电子设备，其内部结构十分复杂，但与普通的计算机内部结构相差不大，如CPU、硬盘、内存、系统、系统总线等。

（一）服务器的类型划分

1. 根据服务器的架构划分

（1）RISC架构服务器。RISC架构服务器采用的是精简指令集CPU，精简指令集CPU的主要特点是采用定长指令，使用流水线执行指令的处理可以分成几个阶段，处理器设置不同的处理单元执行指令的不同阶段。比如，指令处理如果分成三个阶段，当第n

条指令处在第三个处理阶段时，第 n+1 条指令将处在第二个处理阶段，第 n+2 条指令将处在第一个处理阶段。这种指令的流水线处理方式使 CPU 有并行处理指令的能力，以至于处理器能够在单位时间内处理更多的计算机导论指令。

(2)IA架构服务器。IA架构服务器采用的是CISC体系结构(即复杂指令集体系结构)，这种体系结构的特点是指令较长，指令的功能较强，单个指令可执行的功能较多，这样可以通过增加运算单元，使一个指令所执行的功能可并行执行，以提高运算能力。

长时间以来，两种体系结构在相互竞争中成长，都取得了快速的发展。IA 架构服务器采用了开放体系结构，因而有了大量的硬件和软件的支持者，在近年有了长足的发展。

2. 根据服务器的功能划分

(1) 文件 / 打印服务器。文件 / 打印服务器是最早的服务器种类，它可以执行文件存储和打印机资源共享的服务，至今这种服务器还在办公环境里广泛应用。

(2) 数据库服务器。数据库服务器运行一个数据库系统，用于存储和操纵数据，向联网用户提供数据查询、修改服务，这也是一种广泛应用在商业系统中的服务器。

(3) 其他服务器。Web 服务器、E-Mail 服务器、NEWS 服务器、PROXY 服务器，这些服务器都是 Internet 应用的典型，它们能完成主页的存储和传送、电子邮件服务、新闻组服务等。所有这些服务器都不仅仅是硬件系统，它们常常是通过硬件和软件的结合来实现特定的功能。

（二）服务器的设计标准

(1) 可用性。可用性是指所选服务器能满足长期稳定工作的要求，不能经常出问题，等同于可靠性。服务器所面对的是整个网络的用户，而不是单个用户，在大中型企业中，通常要求服务器是永不中断的。在一些特殊应用领域，即使没有用户使用，有些服务器也得不间断地工作，因为它必须持续地为用户提供连接服务，而无论是在上班还是下班，也无论是工作日还是节假日，这就是要求服务器必须具备极高的稳定性的根本原因。一般来说，专门的服务器都要 24 小时不间断工作。为确保服务器具有较高的可用性，除了要求各配件质量过关外，还可采取必要的技术和配置措施，如硬件冗余、在线诊断等。

(2) 可扩展性。可扩展性具体体现在硬盘是否可扩充，CPU 是否可升级或扩展，系统是否支持 Windows NT、Linux 或 UNIX 等多种主流操作系统，只有这样才能保持前期投资为后期充分利用。服务器必须具有一定的可扩展性，为了保持可扩展性，通常需要服务器具备一定的可扩展空间和冗余件（如磁盘阵列架位、PCI 和内存条插槽位等)。

(3) 易使用性。服务器的功能相对于 PC 来说复杂得多，不仅指其硬件配置，更多的是指其软件系统配置。许多服务器厂商在进行服务器的设计时，除了要充分考虑服务器的可用性、稳定性等方面外，还必须在服务器的易使用性方面下足功夫。例如，服务器是不是容易操作，用户导航系统是不是完善，机箱设计是否人性化，有没有一键恢复功能，是否有操作系统备份，以及有没有足够的培训支持等。

（4）易管理性。虽然服务器需要不间断工作，但再好的产品都有可能出现故障。服务器虽然在稳定性方面有足够的保障，但也应有必要的避免出错的措施，以及时发现问题，而且出了故障也能及时得到维护。这不仅可减少服务器出错的机会，同时还可大大提高服务器维护的效率。服务器的易管理性还体现在服务器是否有智能管理系统、自动报警功能，独立的管理系统、液晶监视器等方面。

第三节　计算机技术的应用范围

一、计算机技术在服装行业的应用

20 世纪 90 年代以来，我国的计算机软件，如 CAD、ERP、CAM、PDM 等均取得了较大的进步。对我国的服装行业而言，计算机技术能够提高服装设计的水平、优化服装的设计结构、提高服装的艺术水准。计算机技术为服装行业的发展注入了新的内在动力，这也进一步加快了服装行业的可持续科学发展。在当今信息技术迅猛发展的时代，服装行业必须顺应市场的发展潮流，加强对计算机技术的运用，才能够不被市场经济所淘汰。

（一）CAD 软件在服装行业的应用

在信息时代的大背景下，CAD 软件已经得到了大范围的普及，传统服装业也在 CAD 软件的帮助下得到了突飞猛进的发展。如今，评价一个服装企业的现代化水平的重要衡量标准就是 CAD 技术的应用水平。

CAD 软件是由计算机、数据库、I/O 设备等硬件或软件系统组合而成的可以与设计师进行人机交互的三维立体系统，在服装版型设计中使用该软件可最大限度缩短服装制版的时间，并能保存每次服装制版的电子文档，为以后的设计制版提供很大的便捷，提高服装设计质量，完美准确地展示设计师的设计灵感。除了 ET 服装 CAD 软件外，还有机织物 CAD 软件，该软件可模拟织物纹理。用该软件进行设计时，服装设计师无须绘画组织图，只须输入相应参数即可将纱线组织成想要的织物。在机织物设计过程中应用 CAD 软件，须对纹板图案进行扫描，软件即可自动组织生产成理想图案，大大提高了效率，解放了劳动力，节约了劳动时间。

同时，设计师在服装设计过程中还可在服装款式设计中应用 CAD 软件。传统的款式设计过程中需要设计师手绘平面图形才能看到最终效果，而在 CAD 软件中，设计师使用光笔和鼠标就可完成人体模型构建，进而进行服装的三维设计，还可按照设计师的要求对服装的任一细节进行修改，可以把自身的设计理念尽情展现出来，通过 CAD 技术模拟出现实制作出来的服饰。在模拟过程中，设计师还可随时改变服装风格、颜色、纽扣、装饰等，直到达到设计师所要求的效果。

在服装设计过程中，设计师还可将 CAD 软件应用于服装颜色搭配和花型选择。传统的设计过程中，所设计的颜色可能达不到设计师的理想效果，降低了服装设计效率。而在图案设计过程中采用 CAD 软件，设计师可通过软件中的调色板轻松调出设计颜色，对服装的颜色进行随时变换，轻松实现颜色的对比搭配，设计师还可以充分发挥自身想象力，对服装上的装饰花型进行创新设计，展现出服装的艺术性，引领时尚潮流。设计师还可用 CAD 软件处理服装的款式图像，使款式图更加逼真立体，同时还可以模拟马赛克或木刻画效果，对服装款式图直接进行复制、变形、剪接等，从而得到设计师所需要的服装款式艺术效果图。

自从 CAD 软件技术在服装行业得到应用以来，随着社会的进步，CAD 软件技术已经基本覆盖了服装设计的所有过程。这使得服装行业更有效率地运作起来，企业的竞争力得到了巨大提高，基本实现了服装企业的无纸化运作，使得服装行业变得绿色环保，反应机制更加快速，行业的市场竞争力急剧提高。

（二）其他软件在服装行业的应用

以 Photoshop、CorelDRAW、Illustrator、Painter 为首的设计软件出现之后，服装设计师们的工作变得越来越简单。按照以往的程序，客户首先向服装企业说明自己想要服装的款式、颜色、面料等条件，服装设计师们根据客户的描述手绘出设计草稿，手稿出来后再与客户沟通、修改，最后定稿，这个过程通常需要 5 天左右的时间，其间耗费的纸张、颜料不计其数。应用了这几款设计软件之后，设计师们能够很轻松地将客户的要求输入电脑，几分钟就能让客户看到自己的心中所想，并实时地与设计师进行交流沟通，之后很快就能将服装设计好。设计软件的广泛应用将服装设计变得更加方便直观，设计效果好、实用性强是设计软件的重要特点，这无疑大大加快了服装行业的发展速度，现如今在服装行业中已经得到了广泛的应用。

科技进步是服装行业向前发展的前提条件，也是实现服装行业发展的创新要求。21 世纪的服装行业正朝着智能化和数字化大步迈进，计算机技术在服装行业中已经成为一种新的发展途径。在计算机技术的帮助下，服装行业定会一如既往地迅猛向前。

二、计算机技术在食品行业的应用

随着人们生活水平的不断提高，人们对食物的要求早已不仅仅是填饱肚子那么简单，而是更倾向于追求食物的质量。到了 21 世纪，人们对食物倾向于追求新鲜、营养、方便，这也是食品工业的相关单位追求的目标。食品加工技术是食品工业的核心，它更加依赖于高新技术，只有这样，食品工业才能更好地发展，并满足当代大众化的需求。

在食品工业方面广泛运用高科技，可以提高产品的设计、制造和检测流水过程的自动化程度，可以节约成本，缩短生产的时长，改善工作环境，提高产品质量，获得更多的利润，更好地服务大众。在食品工业的发展中合理、广泛地应用计算机技术，可以使我国食品工业的发展更上一层楼。

（一）计算机技术在食品科学中的应用

(1)实验数据处理。在食品研发过程中采用SAS、Word、Excel等软件进行数据的整理，利用线性回归分析、相关性分析、制作图表等展示实验的结果等，而且在食品成分的分析及图形处理等科研方面，数据整理也被广泛应用，大大提高了科研水平。用Excel的描述、统计及出现问题的方差分析，运用其较直观的数据分析功能来展示检验结果并对其进行评价，得到的结果也会较为客观和更具参考意义。

(2) 工程设计。采用绘图软件辅助绘制工程图纸，计算机技术在物流运输系统、蒸发系统、干燥系统的设计和计算等方面起到很重要的作用，对食品加工生产线系统的完善至关重要。

(3) 食品配方及仪器分析。每一种新的食物产品的开发都要进行大量实验来保证色、香、味俱全，最终得到最佳的比例数据。在实验条件和实验结果间建立一个数学模型，就可以减少实验的次数，提高研发新食物的效率，更好地满足人们对“轻食”的需求。比如，利用计算机技术制造出的模拟人工智能对解决常见的建模方法和在一些问题方面的局限都有很大的帮助。再如，这几年食品仪器分析的发展越来越快，在食品分析方面广泛应用，而且发明出了越来越多的分析仪器和相关的分析方法，使分析仪器成为食品分析中的重要支柱。目前，一些发达国家用新兴的仪器分析取代旧的食品加工的方法，氨基酸自动分析仪、荧光分光光度计等都被发达国家广泛地应用，使其在食品工业方面有了很大的成就，且将食品分析推向了一个更具发展的、条件更好的崭新时代，使食品工业也得以追随时代潮流而大力发展。

（二）计算机技术在食品管理中的应用

(1) 食品卫生管理。卫生管理工作在每一个产业中都至关重要，食品加工产业当然也不例外，它是卫生防疫工作中的重要任务。如今，随着食品生产企业不断地发展壮大，食品卫生管理的工作越来越繁重，因此要在食品管理的工作方面广泛地应用计算机，使其有条不紊地进行。计算机技术拥有强大的运算能力，通过软件系统自动搜集信息并进行反馈，能随时随地对食品安全工作进行监管，保障食品的安全。同时，通过建立完整的监管系统，对食品安全的各个环节设立监控，可以通过系统自我监测，也可安排专人进行在线监测，一旦发现问题能够及时地应对处理。将食品安全管理工作进行常态化建设，通过计算机技术实现 24h 的监控，当问题发生时也能够及时留存证据，为食品安全管理的效率提升提供助力。

(2) 食品质量管理。味道是发现食品是否安全的关键因素，人的味觉系统能够直接反映出食品的品质，但是如果依靠人的味觉功能来监测食品问题是非常不科学的，在实际应用中，使用电子舌技术可以很好地完成食品安全检测，所以电子舌技术被广泛使用。传感技术是电子舌技术的发展核心，样品预处理以及信号处理模式识别，可以将食品进行抽取，作为电子信号，就好比人的味觉感器官，味觉传感器阵列能够获得处理器发出的信号，将信号保存到系统中进行处理，最后信号处理能够识别系统同时接收信号，相当于人的大脑在控制神经。当前电子舌技术主要在肉类酒类和饮料中广泛使用，它能针对产品的具体情况进行质量监控：①在酒品中，电子舌技术可以发现一些很小的变化，检查出伪劣产品；②在果蔬产品中，以芦笋为例，可以检测出芦笋的主要成分，来判断芦笋的味道，近几年电子舌技术在不同的果蔬产品中被广泛使用；③在肉类中，电子舌技术可以快速确定肉类的品质以及种类，包括对肉质变化原因的分析。

计算机技术在食品工业的发展过程中起到了至关重要的作用，食品工业只有在高科技、先进设备和先进生产方式的支持下，才能满足大众多方面的需求，并以此促进食品工业的长期发展。因此，只有广泛应用计算机等高新技术，才能在最大化节省人力、物力的前提下，高效完成食品生产、加工、监测，制造美味健康的优质食品，使消费者更放心。

三、计算机技术在建筑行业的应用

建筑行业要想在激烈的社会竞争当中取得良好发展，就必须要从自身技术和管理方式方面进行完善，不断提升建筑施工技术水平以及工程管理工作层次，提升实际工作效率。在建筑工程领域当中科学应用计算机技术，可以对建筑施工技术加以有效管理，同时还可以对整体施工质量加以合理把控。

（一）计算机技术在建筑工程项目预算工作中的应用

当前，在建筑工程正式开始实施之前，必须要对工程实施工程预算，其中很多大型的建筑工程的施工项目比较繁杂和庞大，并且因为不同的施工环节，所运用的施工工艺也各不相同。相关的工作人员在实施相关的工程预算工作当中，经常会出现一些人为的错误和失误等。

通过对计算机技术的有效运用，可以有效地避免上述问题，通过计算机技术的运用可以让工程预算过程变得更加科学化。比如：在工程预算阶段，通过计算机计算方式代替人工计算，可以保证工程预算工作出现错误的概率，有效提升工程预算准确度，为后续的工程顺利开展打下坚实的基础。

（二）计算机在工程项目管理中的应用

在我国最近几年的建筑行业发展形式下，随着信息化技术的快速革新与发展，其中越来越多的建筑工程项目逐渐变得更加系统化。例如：在具体的施工过程当中对信息自动化技术的有效运用，工程项目管理人员可以在施工现场安装摄像头等，对施工现场实施有效的监控，以此来保证建筑施工现场的质量，有效避免了施工过程中出现安全事故。

工程管理人员可以通过对计算机技术的有效运用，建立起有效的计算机网络系统，依照行业内部的相关规定和国家相关的法律条款的规定，对建筑项目工程当中各项指标实施有效的分析，及时地发现其中存在的各种问题，并且依照企业本身的发展状况，制订出完善的解决方案，保证建筑企业不断发展。

（三）计算机技术在建筑工程监理过程中的应用

在建筑工程的监理过程当中，对计算机技术的有效运用，可以实现对建筑现场实施全方位的监理，充分地保证建筑工程的整体质量提升。在这一工作过程当中，计算机系统可以对其所搜集到相关信息实施科学有效的分类和处理，针对其中一些超出了相关规定范围的信息，可以实施自动提示。通过这种方式，相关的工程监理人员就可以及时发现其中存在的问题点，并且做好详细的记录，从而为后期的工程检查提供科学的依据，保证建筑工程的整体质量。

除此之外，施工单位可以通过对计算机中的虚拟现实技术加以运用，将现实中的信息实施有效整合，并且对其实施模拟工作，有效观察在这个过程当中出现的各种不同类型的问题，并且对其加以及时纠正，避免在工程施工过程中出现事故。

在信息科技快速发展的背景下，信息技术已经被广泛运用到建筑施工的各个环节当中，通过对计算机技术的有效运用，可以提升建筑施工的质量。

四、计算机技术在交通运输行业的应用

目前，计算机在交通运输行业的使用主要体现在收费、导航、处理交通事故、综合信息服务方面，方便了人们的出行，提高了人民的生活质量，也进一步提高了交通运输行业的发展。

（一）计算机技术在收费中的应用

在交通运输行业中，收取车辆的费用是交通运输事业的重要工作之一。随着计算机技术的不断提高，许多道路都采用了电子收费系统，电子收费系统可以有效缓解道路上拥堵的现象。只要车主在车上安装ETC电子收费器并充值一定的数额，在通过收费站的时候，电子收费系统就会自动地识别出车辆信息，并会进行自动扣款。电子收费系统还可以安装在停车场，实行自助停车，节省了劳动力的费用，这样做也可以避免出现车辆逃避缴费的问题。如今，车辆识别系统、互联网系统和道路监管系统都属于电子收费系统。电子收费系统的使用为人们的生活提供了极大的便利。

分散性、实时性、信息要准确和安全是高速公路收费的重要特征，所以计算机网络对于高速收费是极其重要的。存储在计算机里面的信息和相关资源可以通过计算机网络的应用连接这些重要信息，实现所谓的网络资源共享。不同的地区有不同的计算机网络类型，比如，区域网、城域网、广域网和因特网。为了实现自动化的收费模式，收费站可以通过和各个地方的网络收费系统完成，但是在这个过程中，需要用到红外信息技术。

（二）计算机技术在导航中的应用

导航技术作为交通运输领域的一项重要技术保障，对于车辆运行和交通运输的安全性都具有非常重要的指导作用。现阶段，导航技术已被普遍应用于交通运输行业当中。导航技术的应用离不开电子科学与计算机，车辆上安装引擎导航器能够有效地节约出行的时间，减少废气的排放及对环境的污染。管理单位应积极完善交通运输信息化工程建设的基础配套设施，购置充裕的电脑等互联网设施并完善其互联网配套，为实现交通运输信息化工程建设服务提供优质的软硬件。同时，交通运输相关部门也应积极地建立自己的网络管理体系，采用电子商务和网上支付技术等信息化方式手段来有效地开展对交通运输的管理工作，及时地更新和收集交通运输的管理资料，构建一个完整的交通运输管理信息数据库，实现信息的共享，提高交通运输的管理水平。

（三）计算机技术在交通管理中的应用

计算机在交通方面，主要应用于交通信号灯和交通监测系统。当电子信息技术被广泛应用于交通信号灯等方面时，它就可以很好地控制和指挥汽车的行驶，避免了堵车，保证了道路畅通。

而且计算机技术在道路交通情况监控系统中的应用是为了能够实时地发现和记录道路上的交通事故，部分道路交通情况监控检测仪器也具有道路情况自动报警作用，能够实时显示道路某个特定时间段的状况，帮助道路交通管理部门及时处理道路上的交通事故等重大紧急情况。

（四）计算机技术在信息服务中的应用

一些车辆的导航定位设备可以为人们的出行提供一些信息服务，人们需要找酒店、停车场、餐厅等基础生活设施的时候，可以利用车辆的导航信息系统搜索查询他们想要找的地方，输入相关信息之后，导航屏幕就会显示出相关信息，人们可以根据自己的需求进一步选择。

更重要的是，导航系统可以为人们播报道路的实时状况，例如，前方是否有红绿灯、道路的限速、前面道路拥堵情况等。

（五）计算机技术在车辆安全中的应用

(1) 控制车辆牵引力。人们在驾驶车辆的过程中，有时候可能会遇到一些情况需要紧急踩刹车，那么这个时候，车辆的轮胎会在地面空转，会导致车辆突然停止，久而久之就会影响车辆的寿命，牵引力设备可以解决这方面的问题。牵引力设备在车辆刚刚开始出发的时候，通过电子传感可以对车辆的车轮进行检查，倘若发现电子传感显示出动轮速度低于驱动轮的速度，就可能是驱动轮打滑的现象，那么就会进一步减轻发动机的供油数量，对车辆的起步时间进行调整，减少驱动力对地面的附着力，以此确保车辆在行驶过程当中的安全性和稳定性，减少车辆的损坏。这就是计算机技术在车辆安全方面的使用，这也有助于交通运输事业的发展。

(2) 稳定电子设备。由于对道路判断不准确，人们在开车的时候难免会遇到一些突发状况。比如，在拐弯的时候，由于视线受到阻挡，看到的道路可能会变狭窄，倘若车辆的行驶速度又比较快，那么就会产生比较大的离心力，导致车辆偏离了原来行驶的轨道。在这个时候，电子设备就会发挥比较大的作用，电子稳定设备会满足开车人的需求，根据道路状况发生一些反应，对车辆行驶进行干预，保障车辆的行驶安全，可能会让车辆刹车或者自动减速，避免事故的发生，提高行车的安全系数。电子设备还可以对车辆实施控制，根据不同的情况产生不同的反应，例如轮胎的气压大小、载荷的数量、轮胎接触地路面面积的大小等。无论行车是在拐弯、直行，还是会车、倒车，都可以通过电子稳定设备维持车辆的稳定行驶，还会减少在拐弯的时候，轮胎对路面的附着力，产生制定距离。总而言之，电子设备可以为驾驶人提供较高的安全保障。

由此可见，计算机在车辆安全方面提供了很大的帮助，确保了车辆行驶的安全，这些都和交通运输事业的发展息息相关，那么，就会进一步促进交通运输事业的稳定发展，也减轻了交通运输事业的发展阻碍。

五、计算机技术在其他领域的应用

（一）计算机技术在通信领域的应用

在通信领域中合理应用计算机技术，有助于促进行业创新发展。在古代，因为时空限制，人们之间的通信往往借助语言、手势等来实现。电力能源出现后，人们之间的通信便逐渐打破了时空束缚，信息传输速度得到了很大的提升。然后随着计算机的面世，通信行业又迎来了一大变革，可以更加快速有效地传输文字、语言，甚至是视频等。经过几十年的发展，我国已经开始应用光纤来通信，整体显得越来越成熟，可以给人们提供更为优质的通信服务。

(1) 信息管理系统。科学技术的飞速发展使得人们的生活方式发生了很大的改变，社会各方面对信息的管理和处理水平也获得了很大的提升。将计算机技术应用于通信系统中，能够很好地提升信息管理与处理的效率和便捷性，推动各个领域生产水平的有效提升和发展。计算机技术的应用不仅能减少劳动力投入，从整体角度节约成本，同时还能促进工作效率的提升，对于社会发展而言十分重要。

(2) 计费系统。在通信行业中，计算机技术的应用价值还表现在计费系统上。例如计费系统需要借助专业化的电脑来提供计费服务，以便促进工作效率的提升，令广大用户满意。以酒店行业为例，可以借助计算机技术来结算资金，而且还能帮助酒店管理人员更好地把握酒店具体运转情况。同时在客户提出要求的时候，管理者也能及时接收到信息，进而快速有效处理。又如在石油企业，不仅得借助互联网来传输信息，同时还得应用公共电信网来计缴费用，这样不仅效率高，出错率还低。人们在具体生活、工作中，也时常会应用网上支付功能进行缴费，这样能够很好节约时间成本，使得人们的生活变得更为便利。

(3) 数据管理。计算机技术有着很强的数据管理优势，所以当前很多人都会借助计算机技术来处理信息，同时还能从互联网海量信息中提取自己需要的信息。例如在公用网的电信大厅中，一般得借助计算机技术储存海量的通话信息，每一个人的通话记录都得借助计算机技术有效地处理。这样，人们在今后便能结合自己的需要随时调取这些信息，给人们的工作、生活等提供了很大的便利。

(4) 宽带技术。宽带技术的出现，可以很好地提升系统应用效率，更好地满足广大用户的信息浏览要求。宽带技术在传输数据信息的时候，通常会由几个模块转接处理。首先是防火墙模块，这一模块有着甄别数据信息的能力，可以避免一些不良信息、病毒的侵入，确保系统安全性；其次是交换机模块，这一模块能够对终端服务器、云端服务器提供转接服务功能，使得在传递信息数据的时候不会受到外界因素的影响；再次是云端服务器模块，通过网络搜查客户传达的指令，再借助终端化数据处理，促进系统查证能力的有效提高；最后是服务模块，也可以说是云终端，具体就是需要建设用户物理服务区，使得整个系统有着一定的基础性功能，确保系统在指令执行过程中，能够和终端数据进行及时有效的连接，促进系统整体应用性能的提升。

（二）计算机技术在医疗领域的应用

信息时代的到来给予了医疗更多的便利，医疗机构将计算机信息技术的数据分析功能应用到缴费、排号、取片过程中，实现医疗服务的专业化、信息化、规范化、一体化，医疗水平、服务水平均有了显著提高。

(1) 数据资料共享。计算机信息技术具有强大的数据储存、分析、处理功能，大量的数据资料储存在数据库之中，医师在治疗病人时，通过登录信息系统的方式，将病人的信息输入到数据库之中，检查单位、售药单位根据医师所提供的信息，为患者提供下一步的指导。医师可以随时提取数据库中的患者信息，查阅患者的病历，及时了解患者检查情况以及病情。目前，计算机信息技术应用最广泛的技术就是电子病历，信息系统具有强大的信息整合功能，能够及时搜集来自各方的信息资料，将数据进行整合，形成图片等，为医师治疗提供指导。电子病历系统是计算机信息技术发展到一定阶段的产物，相比普通信息管理的系统，诊断更加便捷。利用计算机信息技术，医疗单位还可以建立基本信息库。例如，某医疗单位利用信息系统搜集、整合病人信息，对病人进行科学分类，在此基础上探索新的服务评估体系，进而实现提高医学管理水平的目标。

(2) 医疗设备管理。信息时代的设备档案管理系统逐渐向智能化、动态化方向转变，通过档案数据库的建立，管理人员能够随时检查设备原始档案，掌握设备运行的动态。医疗设备台账借助计算机信息技术，能够实现全程化的信息管理，在信息系统中嵌入设备管理系统，将设备参数、信息输入到信息系统之中，并将其与设备台账账页进行整合，在医疗设备管理中发挥着重要的应用价值。例如，某医疗单位将其应用到医疗设备管理领域之中，在大厅位置放置了一台自动打印机，设备与检查部门相连接，患者通过输入自身信息，能够提取检查资料。设备管理系统会在数据库中储存患者检查文件信息，并显示已取出的状态。计算机信息技术的检索、统计功能，为医疗设备的合理、高效应用奠定了良好基础，为设备的维修、保养也提供了具体依据，具有智能化、现代化优势。

（3）整体服务流程。计算机信息技术在医学领域中应用致力于打造一体化的服务流程，将缴费、看病、检查、诊断、取药等工作进行整合，使其呈现出一体化的特征。在医学领域之中，计算机信息技术可为患者提供电脑诊断功能，患者描述病情，医师将其信息输入到电脑之中，交互系统上会出现需要检查的项目，在操作之后会打印出化验单，电脑医生会结合化验结果，为患者进行诊断。计算机信息技术具有病床管理功能，系统计算患者的姓名、病症、入院时间、出院时间等，可以统计治疗信息、计费信息等，甚至可实时展现出病床的利用情况。患者通过登录移动端，在系统中输入病床号，还能够实现实时缴费功能。例如，某医疗单位将计算机信息技术应用到治疗、信息查询、人员管理、缴费管理之中，尽可能为患者提供一体化的服务，为患者提供实时信息。

（4）医疗服务功能。计算机信息技术强化了原本的治疗功能、服务质量。在医疗服务中，其具有跟踪质量、移动观察、远程协助功能。有关部门通过建立远程监护、诊断系统，将其与通信技术、信息技术整合，能够实现对患者的远程治疗、远程咨询。在医疗领域中，计算机信息技术具有跨时空特征，患者可通过系统的反馈功能，将病理信息输入到系统之中，医师结合患者的病情给予诊断以及质量。目前，通过计算机技术、信息技术的应用能够实现远程监护目标，能够在减少患者成本的同时，缓解医院的空间压力。远程手术借助计算机通信技术已经逐渐普及，通过信息技术的数据分析、控制功能，能够实现远程手术、远程救护功能。

（三）计算机技术在艺术创新领域的应用

计算机技术的广泛普及为艺术创新发展创造良好时代机遇，其中计算机强大的数据计算能力及数据资源整合能力，丰富艺术创新发展体系，提升艺术创新发展综合水平，为艺术创新发展多元化、体系化推进提供有力保障。计算机技术的应用主要有便捷性、高效化、多样性及交互性等多方面基本特点。计算机技术在艺术创新领域的应用，充分继承了以上特征，并在此基础上发展出可视化、立体化及多纬度的基本特点。

（1）计算机图像处理技术。计算机图像处理是计算机较为常见的核心技术之一，目前较为主流的计算机图像处理软件有 Photoshop、Lightroom Classic 及 Ulead GIF Animator 等。不同软件基本特点及技术优势各不相同。Lightroom Classic 软件主要用于视频图像或人物图像处理与应用。相比于 Photoshop 软件，Lightroom Classic 软件具有更强的动态图像处理能力，对于提高图像清晰度及细节优化具有一定优势。Ulead GIF Animator 软件虽然也是面向动态图像处理应用，但处理逻辑及软件架构与 Lightroom Classic 完全不同，软件功能更多是以短时效动态信息优化为主。Photoshop 与 Lightroom Classic 均由 Adobe Systemsincorporated 系统公司开发，使两款软件在技术特点上有一定相似性，所采取的系统计算程序及软件运行程序也基本一致，在不同平台技术应用表现较为优秀，是当前艺术创新阵营中应用最为广泛的图像处理软件。

（2）计算机数字信息整合技术。计算机数字信息整合涉及音频处理、数据计算等多个领域，艺术创新由于需要应用多种艺术元素，对于数据信息处理及计算能力具有一定要求。计算机数据计算技术应用则在数据处理方面具有明显优势，早期阶段，由于大数据技术应用尚未普及，HYun-ETL 与 AFEPack 两款软件，得以在数字信息整合方面广泛应用。随着大数据应用发展，各个主要大数据平台均推出相关数据处理应用服务，通过云计算能更好实现对计算机核心运算能力不足的弥补，对于提高艺术创新成果转化能力提供切实帮助。在音频数据处理及艺术创新方面，WavePad Audio Editor、Adobe Audition 及 Sound Forge 等是较为常见软件处理平台，对于音频艺术创作、艺术资源整合等，具有一定的技术优势，切实解决了音频艺术创新周期长及创新元素单一问题。

（3）计算机神经元网络模拟技术。神经元网络是基于对人脑神经元体系模拟，建立信息化神经元网络模型。神经元网络的应用优势在于能更好地提高对数据处理效率，并能结合 AI 人工智能技术运用，不断进行自我学习及自我提升，使艺术创新对于计算机技术的运用，能根据创作者实际偏好及应用需求，合理调用计算机系统资源及优化系统功能。早期阶段，Emergent 神经元模拟器的开发对于神经元技术普及提供一定帮助。后续阶段 Basic Prop 模拟器与 Wintempla 软件开放使用，使神经元网络技术应用在艺术创新领域得以广泛普及。当前，Neuron 集成神经元网络大部分系统功能，对于为艺术创作者提供艺术创新资源及艺术创新灵感创造有利条件，切实实现对人脑思维逻辑模拟，提高艺术创作者的创意思维，对于强化艺术创新多元化艺术元素运用提供技术支持。

（4）计算机色彩识别技术。色彩识别技术是基于自动控制技术发展而来，能根据物体色差、成像效果的不同，进行 RGB 色值区分，根据各个区域色域、色差的不同，为艺术创作者提供色彩调试的技术支持。传统逻辑下对色彩使用技术的运用，大部分依托于对不同色彩元素模式，通过计算机设备比对进行色彩识别分析。“现阶段计算机技术对色彩识别的运用，可以通过与光敏电阻、RGB-LED 设备对接，实现对图像信息色彩识别硬解码处理，最大限度提高色彩识别的实际准确性，解决艺术创新中色彩调试困难问题，充分弥补艺术创新对色彩强化把控不足，为未来阶段计算机技术在艺术创新领域更好发展色彩控制、调试等优势奠定坚实基础。”①

① 童怡.计算机技术在艺术创新领域的应用研究[J].湖北开放职业学院学报，2022，35（03）：9-10.

第二章　计算机硬件系统及其技术应用

冯·诺依曼体系的计算机硬件系统由控制器、运算器、存储器、输入/输出（I/O）设备五大部分组成，其中控制器和运算器两部分集成起来构成了计算机硬件系统的核心单元——中央处理器，五大部分之间通过总线连接起来。

第一节　计算机中央处理器与存储器

一、计算机的中央处理器

中央处理器（CPU）是计算机的主要设备之一，其功能主要是解释计算机指令及处理计算机软件中的数据，计算机的可编程性主要是指对CPU的编程。CPU是计算机中的核心部件，体积虽然不大，但它却是一台计算机的运算核心和控制核心。计算机中所有操作都由CPU负责控制和运算。

（一）中央处理器的主要构成部件

CPU主要包括运算逻辑部件、寄存器部件和控制部件，它从存储器或高速缓冲存储器中取出指令，放入指令寄存器，并对指令译码，把指令分解成一系列的微操作，然后发出各种控制命令，执行系列微操作，从而完成一条指令的执行。指令是计算机规定执行操作的类型和操作数的基本命令，由一个字节或者多个字节组成，其中包括操作码字段、一个或多个有关操作数地址的字段及一些表征机器状态的状态字和特征码。

（1）运算逻辑部件。运算逻辑部件可以执行定点或浮点的算术运算操作、移位操作及逻辑操作，也可执行地址的运算和转换。

（2）寄存器部件。寄存器部件又包括通用寄存器、专用寄存器和控制寄存器：（1）通用寄存器又可分定点数和浮点数两类，它们用来保存指令中的寄存器操作数和操作结果。通用寄存器是中央处理器的重要组成部分，大多数指令都要访问到通用寄存器。通用寄存器的宽度决定计算机内部的数据通路宽度，其端口数目往往可影响内部操作的并行性。(2）专用寄存器是为了执行一些特殊操作所用的寄存器。(3）控制寄存器通常用来指示机器执行的状态，或者保存某些指针，有处理状态寄存器、基地址寄存器、特权状态寄存器、条件码寄存器、处理异常事故寄存器及检错寄存器等。有时中央处理器中还有一些缓存，用来暂时存放一些数据指令，缓存越大，说明 CPU 的运算速度越快。

(3) 控制部件。控制部件主要负责对指令译码，并且发出为完成每条指令所要执行的各个操作的控制信号。大、中、小型和微型计算机中央处理器的规模和实现方式不尽相同，工作速度也变化较大。中央处理器可以由几块电路块甚至由整个机架组成。如果中央处理器的电路集成在一片或少数几片大规模集成电路芯片上，则称为微处理器。

（二）中央处理器的主要性能指标

(1) 主频。主频又称时钟频率，单位是 MHz 或 GHz，用来表示 CPU 的运算、处理数据的速度。CPU 的主频 = 外频 × 倍频系数。主频和实际的运算速度存在一定的关系，但并不是一个简单的线性关系。CPU 的主频与 CPU 实际的运算能力是没有直接关系的，主频表示 CPU 内数字脉冲信号振荡的速度。CPU 的运算速度还要看 CPU 的流水线、总线等各方面的性能指标。主频和实际的运算速度是有关的，只能说主频仅仅是 CPU 性能表现的一方面，而不代表 CPU 的整体性能。

(2) 外频。外频是 CPU 的基准频率，单位是 MHz。CPU 的外频决定着整块主板的运行速度，台式机中的所谓超频，都是超 CPU 的外频（一般情况下，CPU 的倍频都是被锁住的）。但对于服务器 CPU 来讲，超频是绝对不允许的。前面说到 CPU 决定着主板的运行速度，两者是同步运行的，如果把服务器 CPU 超频了，改变了外频，会产生异步运行，这样会造成整个服务器系统的不稳定。

(3) 前端总线频率。前端总线（FSB）频率即总线频率，它直接影响 CPU 与内存直接数据交换速度。数据带宽 =（总线频率 × 数据位宽）/8，数据传输最大带宽取决于所有同时传输的数据的宽度和传输频率。

(4) CPU 的位和字长。CPU 的位采用二进制，代码只有“0”和“1”，其中无论是“0”或是“1”在 CPU 中都是一“位”。CPU 在单位时间内能一次处理的二进制数的位数叫字长，字长的长度是不固定的，对于不同的 CPU，字长的长度也不一样。

(5) 倍频系数。倍频系数是指 CPU 主频与外频之间的相对比例关系，在相同的外频下，倍频越高 CPU 的频率也越高。

(6) 缓存。缓存大小也是 CPU 的重要指标之一，而且缓存的结构和大小对 CPU 速度的影响非常大。CPU 内缓存的运行频率极高，一般是和处理器同频运作，工作效率远远大于系统内存和硬盘。在实际工作时，CPU 往往需要重复读取同样的数据块，而缓存容量的增大，可以大幅度提升CPU内部读取数据的命中率，而不用再到内存或者硬盘上寻找，以此提高系统性能。

(7) CPU 扩展指令集。CPU 依靠指令来自计算和控制系统，每款 CPU 在设计时就规定了一系列与其硬件电路相配合的指令系统。指令的强弱也是 CPU 的重要指标，指令集是提高微处理器效率的最有效工具之一。从现阶段的主流体系结构讲，指令集可分为复杂指令集和精简指令集两部分（指令集共有四个种类），而从具体运用看，如 Intel 的

MMX、SSE、SSE2、SSE3、SSE4 系列和 AMD 的 3Dnow 等都是 CPU 的扩展指令集，分别增强了 CPU 的多媒体、图形、图像和 Internet 等的处理能力。

（8）CPU 内核和 I/O 工作电压。从 Pentium 系列的 CPU 开始，CPU 的工作电压分为内核电压和 I/O 电压两种，通常 CPU 的核心电压小于等于 I/O 电压。其中内核电压的大小是根据 CPU 的生产工艺而定，一般制作工艺越小，内核工作电压越低；I/O 电压一般都在 1.6 ～ 5V。低电压能解决耗电过大和发热过高的问题。

（9）制造工艺。制造工艺是指制造 CPU 的制程，目前单位为 nm，制造工艺的趋势是向密集度高的方向发展。密集度高的 IC 电路设计，意味着在同样大小面积的 IC 中，可以拥有密度更高、功能更复杂的电路设计。现在主要的制造工艺是 180nm、130nm、90nm、65nm、45nm。

（10）指令集。在复杂指令集（CISC）微处理器中，程序的各条指令是按顺序串行执行的，每条指令中的各个操作也是按顺序串行执行的。顺序执行的优点是控制简单，但计算机各部分的利用率不高，执行速度慢。英特尔生产的 X86 系列（也就是 IA-32 架构）CPU 及其兼容 CPU 都属于 CISCCPU。精简指令集（RISC）是在 CISC 指令系统基础上发展起来的，RISC 指令集是高性能 CPU 的发展方向。与传统的 CISC 相比，RISC 的指令格式统一，种类比较少，寻址方式也比复杂指令集少，因此处理速度就提高了。目前在中高档服务器中普遍采用这一指令系统的 CPU，特别是高档服务器全都采用 RISC 指令系统的 CPU。RISC 指令系统更加适合高档服务器的操作系统 UNIX 及类 UNIX 的操作系统 Linux。

（11）超流水线与超标量。流水线是 Intel 首次在 486 芯片中开始使用的。流水线的工作方式就像工业生产上的装配流水线。在 CPU 中由 5 ～ 6 个不同功能的电路单元组成一条指令处理流水线，然后将一条 X86 指令分成 5 ～ 6 步后再由这些电路单元分别执行，这样就能实现在一个 CPU 时钟周期完成一条指令，以此提高 CPU 的运算速度。超标量是通过内置多条流水线来同时执行多个处理器，其实质是以空间换取时间。而超流水线是通过细化流水、提高主频，使得在一个机器周期内完成一个甚至多个操作，其实质是以时间换取空间。

（12）封装形式。CPU 封装是采用特定的材料将 CPU 芯片固化在其中以防损坏的保护措施，一般必须在封装后 CPU 才能交付用户使用。CPU 的封装方式取决于 CPU 安装形式和器件集成设计，从大的分类来看通常采用 Socket 插座进行安装的 CPU 使用栅格阵列方式封装，而采用 Slot x 槽安装的 CPU 则全部采用单边接插盒（SEC）形式封装。

（13）多线程。同时多线程（SMT）可通过复制处理器上的结构状态，让同一个处理器上的多个线程同步执行并共享处理器的执行资源，可最大限度地实现宽发射、乱序的超标量处理，提高处理器运算部件的利用率，缓和由于数据相关或 Cache 未命中带来的访问内存延时问题。

（14）多核心（CMP）。多核心也指单芯片多处理器，CMP 的思想是将大规模并行处理器中的对称多处理器（SMP）集成到同一芯片内，各个处理器并行执行不同的进程。与 CMP 比较,SMT 处理器结构的灵活性比较突出。但是，当半导体工艺进入 0.18 μm 以后，线延时已经超过了门延迟，要求微处理器的设计通过划分许多规模更小、局部性更好的基本单元结构来进行。相比之下，由于 CMP 结构已经被划分成多个处理器核来设计，每个核都比较简单，有利于优化设计，因此更有发展前途。

(15) 对称多处理结构（SMP）。对称多处理结构是指在一个计算机上汇集了一组处理器（多 CPU），各 CPU 之间共享内存子系统及总线结构。在这种技术的支持下，一个服务器系统可以同时运行多个处理器，并共享内存和其他的主机资源。

(16) 非一致访问分布共享存储（NUMA）技术。NUMA 技术是由若干通过高速专用网络连接起来的独立结点构成的系统，各个结点可以是单个的 CPU 或是 SMP 系统。在 NUMA 中，Cache 的一致性有多种解决方案，需要操作系统和特殊软件的支持。

(17) 乱序执行技术。乱序执行是指 CPU 允许将多条指令不按程序规定的顺序分开发送给各相应电路单元处理的技术，分析电路单元的状态和各指令能否提前执行的具体情况后，将能提前执行的指令立即发送给相应电路单元执行，在这期间不按规定顺序执行指令，然后由重新排列单元将各执行单元结果按指令顺序重新排列。采用乱序执行技术的目的是使 CPU 内部电路满负荷运转，并相应提高 CPU 运行程序的速度。

二、计算机的存储器

（一）主存储器

主存储器简称主存，是计算机硬件的一个重要部件，其作用是存放指令和数据，并能由 CPU 直接随机存取。现代计算机为提高性能并兼顾合理的造价，往往采用多级存储体系，即由存储容量小、存取速度高的高速缓冲存储器与存储容量和存取速度适中的主存储器构成。主存储器是按地址存放信息的，存取速度一般与地址无关。32 位的地址最大能表达 4GB 的存储器地址，这对多数应用已经足够，但对于某些特大运算量的应用和特大型数据库已显得不够，从而对 64 位结构提出需求。

主存储器一般采用半导体存储器，与外存储器相比，有容量小、读写速度快、价格高等特点。

1. 随机存储器

随机存储器（RAM）存储单元中的内容可按需随意取出或存入，且存取的速度与存储单元的位置无关。这种存储器在断电时将丢失其存储内容，故主要用于存储短时间使用的程序。

(1) RAM 的组成。RAM 由存储矩阵、地址译码器、读 / 写控制器、输入 / 输出、片选控制等几部分组成。

①存储矩阵。存储矩阵是 RAM 的核心部分，是一个寄存器矩阵，用来存储信息。

②地址译码器。地址译码器的作用是将寄存器地址所对应的二进制数译成有效的行选

信号和列选信号，从而选中该存储单元。

③读 / 写控制器。访问 RAM 时，被选中寄存器的读操作或写操作是通过读写信号来控制的。读操作时，被选中单元的数据经数据线、输入 / 输出线传送给 CPU（中央处理单元）；写操作时，CPU 将数据经输入 / 输出线、数据线存入被选中单元。

④输入 / 输出。RAM 通过输入 / 输出端与计算机的 CPU 交换数据，读出时它是输出端，写入时它是输入端，一线两用，由读 / 写控制线控制。输入 / 输出端数据线的条数，与一个地址中所对应的寄存器位数相同，也有的 RAM 芯片的输入 / 输出端是分开的。通常 RAM 的输出端都具有集电极开路或三态输出结构。

⑤片选控制。由于受 RAM 的集成度限制，一台计算机的存储器系统往往由许多 RAM 组合而成。CPU 访问存储器时，一次只能访问 RAM 中的某一片（或几片），即存储器中只有一片（或几片）RAM 中的一个地址接受 CPU 访问，与其交换信息，而其他片 RAM 与 CPU 不发生联系，片选就是用来实现这种控制的。通常一片 RAM 有一根或几根片选线，当某一片的片选线接入有效电平时，该片被选中，地址译码器的输出信号控制该片某个地址的寄存器与 CPU 接通；当片选线接入无效电平时，则该片与 CPU 之间处于断开状态。

(2)RAM的分类。按照存储信息的不同，随机存储器又分为静态随机存储器(SRAM)和动态随机存储器（DRAM)。

① SRAM。SRAM 在不断电的情况下信息能一直保持不丢失，读取速度快，但容量小、价格高。

SRAM 的存储原理：由触发器存储数据。

SRAM 的优点：速度快，使用简单，无须刷新，静态功耗极低。

SRAM 的缺点：元件数多，集成度低，运行功耗大。

② DRAM。DRAM 中的信息会随时间逐渐消失，需要定时对其进行刷新以维持信息不丢失。DRAM 的读取速度较慢，但它的造价低廉、集成度高。

DRAM 的存储原理：利用 MOS 管栅极电容上的电荷来记忆信息，须刷新（早期：三管基本单元；之后：单管基本单元)。

DRAM 的优点：集成度远高于 SRAM，功耗低，价格也低。

DRAM 的缺点：因须刷新而使外围电路复杂；刷新也使存取速度较 SRAM 慢，在计算机中，DRAM 常用作主存储器。

计算机使用的 SDRAM 内存，DDR 内存，DDR2、DDR3、DDR4、DDR5 内存都属于 DRAM。

2. 只读存储器

只读存储器（ROM）主要用来存放一些固定的程序，如主板、显卡和网卡上的基本输入输出系统（BIOS）就固化在 ROM 中，因为这些程序和数据的变动概率都很低。与 RAM 不同的是，对于 ROM 中的数据，一次性写入，而不能改写，且 ROM 中的程序和数据不会因为系统断电而丢失。随着ROM存储技术的发展，一种用于主板BIOS的可擦除、可编程、可改写的EEPROM已出现，并被广泛使用，实现了主板BIOS在线升级，为用户提高BIOS的性能提供了可能。

(1) ROM的组成。ROM由地址译码器、存储体、读出线及读出放大器等部分组成，ROM是按地址寻址的存储器，由CPU给出要访问的存储单元地址。ROM的地址译码器是与门的组合，输出是全部地址输入的最小项(全译码)。n位地址码经译码后有2n种结果，驱动选择2n个字，即W=2n。存储体是由熔丝、二极管或晶体管等元件排成W×m的二维阵列（字位结构），共W个字，每个字m位。存储体实际上是或门的组合，ROM的输出线位数就是或门的个数。由于它工作时只是读出信息，因此可以不必设置写入电路，这使得其存储单元与读出线路也比较简单。

(2) ROM的工作过程。CPU经地址总线送来要访问的存储单元地址，地址译码器根据输入地址码选择某条字线，然后由它驱动该字线的各位线，读出该字的各存储位元所存储的二进制代码，送入读出线输出，再经数据线送至CPU。

(3) ROM的分类。根据重写和擦除信息的方式，ROM又分为掩膜只读存储器（MROM)、可编程只读存储器（PROM)、可编程可擦除只读存储器（EPROM)、电可擦除可编程只读存储器（EE-PROM)、快擦除读写存储器。

① MROM。MROM中存储的信息由生产厂家在掩膜工艺过程中“写入”，在制造过程中，将资料以一特制光罩烧录于线路中，有时又称为“光罩式只读内存”，此内存的制造成本较低，常用于电脑中的开机启动。其行线和列线的交点处都设置了MOS管，在制造时的最后一道掩膜工艺，按照规定的编码布局来控制MOS管是否与行线、列线相连。相连者定为“1”(或“0”)，未连者为“0”(或“1”)，这种存储器一旦由生产厂家制造完毕，用户就无法修改。MROM的存储内容固定，掉电后信息仍然存在，可靠性高；但信息一次写入(制造)后就不能修改，很不灵活且生产周期长，用户与生产厂家之间的依赖性大。

② PROM。PROM允许用户通过专用的设备（编程器）一次性写入所需要的信息，其一般可编程一次,PROM存储器出厂时各个存储单元皆为“1”，或皆为“0”。用户使用时，再使用编程的方法使PROM存储所需要的数据。PROM的种类很多，需要用电和光照的方法来编写与存放程序和信息。例如，双极性PROM有两种结构：一种是熔丝烧断型，另一种是PN结击穿型。PROM中的程序和数据是由用户利用专用设备自行写入的，一旦编程完毕和一经写入便无法更改，将永久保存。PROM具有一定的灵活性，适合小批量生产，常用于工业控制机或电器中。

③ EPROM。EPROM可多次编程，是一种以读为主的可写可读存储器，也是一种便于用户根据需要来写入，并能将已写入内容擦去后再改写的ROM。存储内容的方法：电的方法（电可改写ROM）或用紫外线照射的方法（光可改写ROM)。抹除时，将线路曝光于紫外线下，则资料可被清空，并且可重复使用，通常在封装外壳上会预留一个石英透明窗以方便曝光，然后用写入器重新写入新的信息。EPROM比MROM和PROM更方便灵活，经济实惠；但EPROM采用的是MOS管，速度较慢。

④ EE-PROM。EE-PROM是一种随时可写入而无须擦除原先内容的存储器，其写操

作比读操作时间要长得多，EEPROM 把不易丢失数据和修改灵活的优点组合起来。修改时，只需使用普通的控制、地址和数据总线。EEPROM 运作原理类似 EPROM，但抹除的方式是使用高电场来完成，因此不需要透明窗。EEPROM比EPROM集成度低，成本较高，一般用于保存系统设置的参数、IC 卡上存储信息、电视机或空调中的控制器；但由于其可以在线修改，所以可靠性不如 EPROM。

⑤快擦除读写存储器。快擦除读写存储器（快闪存储器）是 Intel 公司发明的一种高密度、非易失性的读 / 写半导体存储器，它既有 EEPROM 的特点，又有 RAM 的特点，是一种全新的存储结构，它的价格和功能介于 EPROM 和 EEPROM 之间。与 EEPROM 一样，快闪存储器使用电可擦技术，整个快闪存储器可以在一秒至几秒内被擦除，速度比 EPROM 快得多。它能擦除存储器中的某些块，而不是整块芯片。快闪存储器不提供字节级的擦除，与 EPROM 一样，快闪存储器每位只使用一个晶体管，因此能获得与 EPROM 一样的高密度（与 EEPROM 相比较）。闪存芯片采用单一电源（3V 或 5V）供电，擦除和编程所需的特殊电压由芯片内部产生，因此，可以在线系统擦除与编程。闪存也是典型的非易失性存储器，在正常使用情况下，其浮置栅中所存电子可保存 100 年而不丢失。目前，闪存已广泛用于制作各种移动存储器，如 U 盘及数码相机或摄像机所用的存储卡等。

3. 高速缓冲存储器

由于 CPU 执行指令的速度比内存的读写速度要大得多，所以在存取数据时会使 CPU 等待，影响 CPU 执行指令的效率，从而影响计算机的速度。为了解决这个瓶颈，可以在 CPU 和内存之间增设一个高速缓冲存储器，称为 Cache。Cache 的存取速度比内存快（因而也就更昂贵），但容量不大，主要用来存放当前内存中频繁使用的程序块和数据块，并以接近于 CPU 的速度向 CPU 提供程序指令和数据。一般来说，程序的执行在一段时间内总是集中于程序代码的一个小范围内。

如果一次性将这段代码从内存调入缓存中，缓存便可以满足 CPU 执行若干条指令的要求。只要程序的执行范围不超出这段代码，CPU 对内存的访问就演变成对高速缓存的访问。因此，缓存可以加快 CPU 访问内存的速度，从而也就提升了计算机的性能。

（二）外储存器

外储存器是指除计算机内存及 CPU 缓存以外的储存器，此类储存器一般断电后仍然能保存数据。常见的外存储器有硬盘、软盘、U 盘、移动硬盘、光盘等。

1. 硬盘

硬盘由一个或者多个铝制或者玻璃制的碟片组成，这些碟片外覆盖有铁磁性材料。硬盘是计算机最重要的外部存储器，容量一般都比较大。

（1）常见的硬盘接口。硬盘接口是硬盘与主机系统间的连接部件，其作用是在硬盘缓存和主机内存之间传输数据。硬盘接口的优劣直接影响程序运行的快慢和系统性能的好坏。常见的硬盘接口有IDE、SCSI、SATA和光纤通道四种。

IDE接口又称ATA接口，由40或80芯数据线连接到IDE硬盘或光驱。

SCSI接口是小型计算机系统专用接口的简称，由50芯数据线连接到SCSI硬盘。SCSI硬盘速度比IDE硬盘快，但价格较高，一般还需要一个SCSI卡。

SATA接口硬盘又称串口硬盘，串口是一种新型接口，由于采用串行方式传输数据而得名。相对于并行ATA接口来说，Serial ATA以连续串行的方式传送数据，一次只会传送1位数据。这样能减少SATA接口的针脚数目，使连接电缆数目变少，效率也会更高。并且Serial ATA 1.0定义的数据传输速率可达150MB/s，这比并行ATA（即ATA/133）所能达到133MB/s的最高数据传输率还高。同时，串行接口还具有结构简单、支持热插拔等优点。

光纤通道硬盘是为提高服务器这样的多硬盘存储系统的速度和灵活性而开发的，它的出现大大提高了多硬盘系统的通信速度。光纤通道的主要特性有：热插拔性、高速带宽、远程连接和连接设备数量大等。

传统的机械硬盘由磁盘体、磁头和马达等机械零件组成，要提升硬盘性能，最简单的方法是提高硬盘的转速，但由于机械硬盘的物理结构与成本限制，提升转速后会带来较多的负面影响。

固态硬盘是由控制单元和固态存储单元（DRAM或FLASH芯片）组成的硬盘，其防震抗摔、发热低、零噪声，由于没有机械马达，闪存芯片发热量小，工作时噪声值为0dB。由于固态硬盘没有普通硬盘的机械结构，也不存在机械硬盘的寻道问题，因此系统能够在低于1ms的时间内对任意位置存储单元完成输入/输出操作。固态硬盘能更大限度地减少硬盘成为整机的性能瓶颈，给传统机械硬盘带来了全新的革命。

（2）硬盘的性能指标。硬盘的性能指标具体包括容量、单碟容量、转速、最高内部传输速率、平均寻道时间。

容量通常是指硬盘的总容量，一般硬盘厂商定义的单位1GB=1 000MB，而系统定义的1GB=1 024MB，因此会出现硬盘上的标称值大于格式化容量的情况，这算业界惯例，属于正常情况。

单碟容量是指一张碟片所能存储的字节数，硬盘的单碟容量一般都在20GB以上。影响单碟容量的直接因素有两个：一是盘片中记录信息的面积大小，二是盘片的存储密度（单位面积上数据存储量的大小）。

转速是指硬盘内电机主轴的转动速度，单位是RPM。转速是决定硬盘内部传输率的决定因素之一，它的快慢在很大程度上决定了硬盘的速度，同时也是区别硬盘档次的重要标准。

最高内部传输速率是硬盘外圈的传输速率，它是指磁头和高速数据缓存之间的最高数据传输速率，单位为MB/s，最高内部传输速率的性能与硬盘转速以及盘片存储密度（单碟容量）有直接的关系。

平均寻道时间是指硬盘磁头移动到数据所在磁道时所用的时间，单位为ms。硬盘的平均寻道时间一般低于9ms，平均寻道时间越短，硬盘的读取数据能力就越高。

2. 软盘

软盘是个人计算机中最早使用的可移动介质，用表面涂有磁性材料的柔软的聚酯材料制成，数据记录在磁盘表面上。软盘驱动器设计能接收可移动式软盘，目前常用的是容量为1.44MB的3.5in(1in=2.54cm)软盘，简称3寸盘。软盘的读写是通过软盘驱动器完成的，软盘的存取速度慢，容量也小，但可装可卸，携带方便。3.5in软盘的上下两面各被划分为80个磁道，每个磁道被划分为18个扇区，每个扇区的存储容量固定为512字节。

市面如今能买到的就只有3in双面高密度1.44MB的软盘，但也几近于淘汰。软盘驱动器曾经是计算机中一个不可缺少的部件，它在必要时可用于启动计算机，还能用来传递和备份一些比较小的文件。3in软盘都有一个塑料硬质外壳，它的作用是保护盘片；盘片上涂有一层磁性材料（如氧化铁），它是记录数据的介质；在外壳和盘片之间有一层保护层，防止外壳对盘片的磨损。软盘插入驱动器时是有正反的，3in盘一般不会插错（放错了是插不进的）。

3.U盘

U盘全称USB闪存驱动器，是一种使用USB接口的无须物理驱动器的微型高容量移动存储产品，通过USB接口与电脑连接，实现即插即用。U盘连接到电脑的USB接口后，U盘的资料可与电脑交换。U盘主要目的是用来存储数据，但随着众多计算机爱好者和商家的创新，给U盘开发出了更多的功能，如加密U盘、启动U盘、杀毒U盘等。

目前，大多数U盘采用USB2.0或者USB3.0接口，支持热拔插，即插即用。U盘无须外接电源，有LED灯显示。U盘可以在多种操作系统平台上使用Windows系列、MAC OS、UNIX、Linux等(无须手动安装驱动程序)。U盘主要采用电子存储介质，无机械部分，抗震动、抗电磁干扰等。U盘的优点是保存数据安全可靠，携带方便；但同时也因体积小而容易丢失，因挤压、摔落而引起数据丢失问题。

4. 移动硬盘

移动硬盘是以硬盘为存储介质，计算机之间交换大容量数据，强调便携性的存储产品，原是用于笔记本电脑的专用小型硬盘，由于其轻便、易于携带的特色，也用于不同电脑之间发送文件。

移动硬盘主要是指采用USB或IEEE1394接口，可以随时插上或拔下，小巧而便于携带的硬盘存储器，可以较高的速度与系统进行数据传输。在USB1.1接口规范的产品上，在传输较大数据量时，将考验用户的耐心。而USB2.0、IEEE1394、cSATA移动硬盘接口就相对好很多。USB2.0接口传输速率是60MB/s，USB3.0接口传输速率是625MB/s，IEEE 1394接口传输速率是50～100MB/s。

市场上绝大多数的移动硬盘都是以标准硬盘为基础的，而只有很少部分的是以微型硬盘（1.8英寸硬盘等），但移动硬盘价格因素决定着主流移动硬盘还是以标准笔记本硬盘为基础。

随着技术的更新迭代，想要取代传统的U盘寻找性价比更高的存储方案，移动硬盘就是不错的选择。在保证大容量的同时，移动硬盘还能同时兼具便携与传输性能，这也是它受到越来越多职场办公人士青睐的原因。

5. 光盘

目前常见的光盘有小型镭射盘（CD）和数字多功能光盘（DVD）两种，其中DVD又可以分为：① DVD-ROM，DVD-ROM是只读型光盘，这种光盘的盘片是由生产厂家预先将数据或程序写入的，出厂后用户只能读取，而不能写入或修改；② DVD-R，DVD-R即一次性可写入光盘，但必须在光盘刻录机中进行；③ DVD-RW，DVD-RW即可重写式写入光盘，可删除或重写数据，每片DVD-RW光盘可重写近1 000次，而DVD-R则不能。此外，DVD-RW多用于数据备份及档案收藏，现在更普遍地用在DVD录像机上。

蓝光光盘可以利用波长较短（405nm）的蓝色激光读取和写入数据，蓝光是目前为止最先进的大容量光碟格式。通常，波长越短的激光，能够在单位面积上记录或读取的信息越多。蓝光刻录机系统可以兼容此前出现的各种光盘产品，为高清电影、大型3D游戏和大容量的数据存储带来方便。蓝光极大提高了光盘的存储容量，为计算机数据的光存储提供了一个跳跃式发展。

第二节　计算机输入/输出设备与总线技术

一、计算机的输入／输出设备

早期的计算机系统中并没有设置独立的接口部件，对外设控制和管理完全由CPU直接承担。现代计算机系统中，如果仍由CPU直接进行管理外设的任务，势必使CPU陷入繁重的I/O处理中，效率将非常低。再加上外设种类繁多，其信息格式、逻辑关系、机电特性等各不相同，如果主机对每一个外设都要配置一种控制逻辑电路，主机的控制电路将变得非常复杂——为了解决这些矛盾，人们开始在CPU与外设之间设置接口电路，把对外设的控制任务交给接口去具体完成，这样就减轻了CPU的负担，提高了系统的效率——I/O设备就是CPU与外界的连接部件，它是CPU与外界进行信息交换的中转站。处理器与外设可按各自的规律发展更新，形成了微型计算机和外设的标准化和系列化，这又反过来促进了I/O设备的发展和标准化。

（一）输入 / 输出信息的类型划分

计算机通过接口与外设进行信息交换，通常包含以下三种类型的信息：

（1）数据信息。数据信息是 CPU 与外设之间传递的基本信息，根据信息的形式又可划分为：①数字量。数字量主要是键盘、数字化仪等设备的输入信息或是输出到显示器、打印机、绘图仪等设备的输出信息。它们是二进制形式的数据，或以ASCII码表示的数据。②模拟量。在一个控制系统中，计算机的输入/输出信息是连续的物理量，如温度、压力、湿度等。它们通过传感器并经过 A/D 转换，使这些模拟量转换为计算机可识别的数字量，而计算机处理后的数字量通过 D/A 转换变为模拟量去控制被控对象。③开关量。开关量是具有两个状态的量，如开关的断开与闭合，阀门的打开与关闭等。通常这些开关量要经过相应的电平转换才能与计算机连接，这些开关量只需要 1 位二进制数即可表示，故对字长为 8 位（或 16 位）的计算机，一次可输入或输出 8 个（或 16 个）开关量。

（2）控制信息。控制信息是 CPU 用以控制外设操作而送出的命令信号，是 CPU 通过接口电路送出的信息，如控制外设的启动信号、停止信号、工作方式等。

（3）状态信息。状态信息是在 CPU 与外设之间交换数据时的联络信息，CPU 通过对外设状态信息的读取，可得知其工作状态。如了解输入设备的数据是否准备好，输出设备是否空闲，若输入设备数据未准备好，则 CPU 暂缓取数，若输出设备正在输出信息，则 CPU 暂缓送数。因此，了解状态信息是 CPU 与 I/O 设备正确进行数据交换的重要条件。

（二）输入 / 输出接口

1. 输入 / 输出接口的主要功能

理论上，CPU 与 I/O 设备之间的连接及信息处理和 CPU 与存储器之间的连接及信息处理类似。但实际上，I/O 设备种类繁多，可以是机械式、电子式、机电式、磁电式以及光电式的等；输入 / 输出的信息多种多样，有数字信号、模拟信号以及开关信号等；信息传输的速度也不相同，手动键盘输入速度为秒级，而磁盘输入可达几十兆字节 / 秒，不同外部设备处理信息的速度相差悬殊。微型计算机与不同外围设备之间所传送信息的格式和电平高低等也是多种多样的，这就形成了外设接口电路的多样性和复杂性。I/O 接口主要有如下功能：

（1）数据缓冲功能。外部设备如打印机等的工作速度与主机相比相差甚远。为了避免因速度不一致而丢失数据，接口中一般都设置数据寄存器或锁存器，使之成为数据交换的中转站。接口的数据保持功能在一定程度上缓解了主机与外设速度差异所造成的冲突，并为主机与外设的批量数据传输创造了条件。

（2）设备选择功能。系统中一般带有多种外设，同一种外设也可能有多台，而 CPU 在同一时间里只能与一台外设交换信息，只有被选定的外部设备才能与 CPU 进行数据交换或通信，这就要求接口具有地址译码的功能以选定外设。

（2）对外设的控制和监测功能。I/O 接口可接收 CPU 送来的命令或控制信号，实施对外设的控制与管理。外设的工作状况以状态字或应答信号的形式通过 I/O 接口送回给 CPU，以“握手联络”过程来保证主机与外设输入 / 输出操作的同步。

（4）信号转换功能。外设大多是复杂的机电设备，其电气信号电平往往不是 TTL 电平或 CMOS 电平，常须用接口电路来完成信号的电平转换，信号转换还包括 CPU 的信号与外设的信号在逻辑关系上、时序配合上的转换。主机系统总线上传送的数据与外设使用的数据，在数据位数、格式等方面往往也存在很大差异。例如主机系统总线上传送的是 8 位、16 位或 32 位并行数据，而外设采用的却是串行数据传送方式，这就要求接口完成并一串或串一并的转换。若外设传送的是模拟量，则还须进行 A/D 或 D/A 转换。

（5）中断请求与管理功能。为了满足主机与外设并行工作的要求，需要采用中断传送方式，以提高 CPU 的利用率。有些 I/O 接口设有中断请求信号，以便及时得到 CPU 的服务；有些 I/O 接口专门处理有关中断事务，如中断控制器，专门用于 I/O 接口的中断管理。

（6）可编程功能。现在的接口芯片基本上都是可编程的，这样在不改变硬件的情况下，只需要修改程序就可以改变接口的工作方式，大大增加了接口的灵活性和可扩充性，使接口向智能化方向发展。

上述功能并非每种接口都要具备，对不同配置和不同用途的微型计算机系统，其接口功能也不同，但前三个功能一般都需要接口。

2. 输入 / 输出接口的基本结构

通常每个 I/O 接口电路包含若干个被称为输入 / 输出端口的寄存器，这些可被 CPU 读 / 写的寄存器称为 I/O 端口。CPU 通过这些端口与所连接的外设进行信息交换。每个 I/O 端口和每个存储单元一样，对应着一个唯一的地址，端口寄存器的全部或部分端口线被连接到外设上。

外设与微处理器进行信息交换时，其数据信息、状态信息和控制信息都是通过数据总线传送的。由于状态信息和控制信息的性质不同于数据信息，故在信息传送时分别通过不同的端口进行传送。一个外设往往占用几个端口，如数据端口、状态端口、控制端口等。因此 CPU 对外设的控制或 CPU 与外设间的信息交换，实际上就转换成 CPU 通过 I/O 指令读 / 写对应端口的数据。在状态端口，读入的数据表示外设的状态信息；在控制端口，写出的数据表示 CPU 对外设的控制信息；只有在数据端口，才是真正地进行数据信息的交换。CPU 与不同外设交换信息时使用端口的情况不一定相同，可以使用多个数据端口、控制端口或状态端口，也可以在外设的状态信息和控制信息位数较少时，将不同外设的状态或控制信息归并到一起，而共同使用一个端口。

I/O 接口电路的外部特性由其对外的引出信号体现，面向 CPU 一侧的信号用于与 CPU 连接，主要是数据线、地址线和控制线。这些信号与 CPU 的连接类似于存储器与 CPU 的连接，主要是处理好地址译码问题。而面向外设一侧的信号用于与外设连接，因为外设种类繁多，型号不一，所提供的信号五花八门，其功能定义、时序及有效电平等差异较大，所以与外设连接的信号比较复杂，需要在了解外设工作原理与工作特点的基础上，才能真正理解某些信号的含义。

3. 简单的输入 / 输出接口电路

信息从外部设备送入 CPU 的接口称为输入接口，而信息输出到外部设备的接口则称为输出接口。不同的 I/O 设备，所需采用的 I/O 接口电路复杂程度可能相差甚远。三态缓冲器和数据锁存器在构造上比较简单，使用也很方便，常作为一些功能简单的外部设备的接口电路。但由于它们的功能有限，对较复杂的功能要求难以胜任，因此功能复杂的外部设备通常采用可编程接口芯片。

（1）简单输入接口电路。在微型计算机系统中，每个输入设备都需通过数据总线向 CPU 传送数据，若不经过三态环节进行缓冲隔离而直接和数据总线相连，就会造成总线上数据的混乱，因而必须经过缓冲隔离。大多数外设通常都具有数据保持能力（即 CPU 没有读取时，外设能够保持数据不变），因此可以仅用三态门缓冲器（简称三态门）作为输入接口。

三态是指电路输出端具有三种状态，即高电平状态（逻辑 1）、低电平状态（逻辑 0）和高阻态（或称浮空态）。当 CPU 接收外设输入的数据时，需先在三态门的使能控制端上加一个有效的电平脉冲，使三态门内部各缓冲单元接通，CPU 将外设准备好的数据读入，此时其他的输入设备与数据总线隔离。当使能脉冲撤除后，三态门断开，输出处于高阻态。这时各缓冲单元像一个断开的开关，将它所连接的外设从数据总线脱离。

74LS244 和 74LS245 是最常用的数据缓冲器，除缓冲作用外，它们还能提高总线的驱动能力。其中 74LS244 是单向数据缓冲器，74LS245 是双向数据缓冲器。74LS244 的引脚及内部结构如图 2-1 所示，其逻辑真值表见表 2-1[①]。

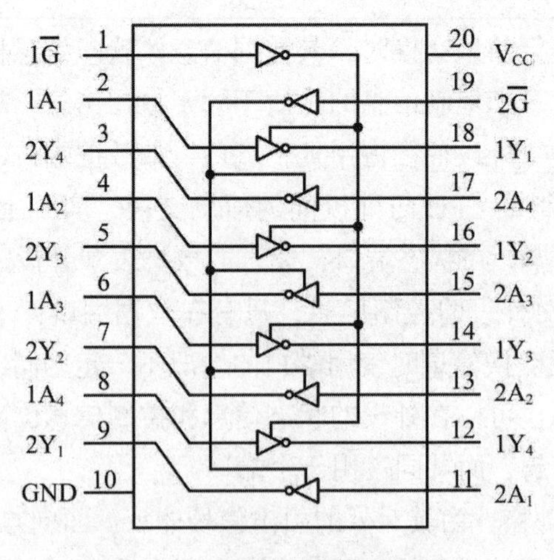

图 2-1 74LS244 的引脚及内部结构

① 本节图表均引自潘银松，颜烨，高瑜.计算机导论[M].重庆：重庆大学出版社，2020：208-216.

表 2-1　74LS244 的真值表

使能 $\overline{G}$	操作
L	A → Y
H	断开

74LS244 由 8 个三态门构成，包含 2 个控制端 $\overline{1G}$、$\overline{2G}$，每个控制端各控制 4 个三态门。当某一控制端有效（低电平）时，相应的 4 个三态门导通；否则，相应的三态门呈现高阻状态（断开）。在实际使用中，可将两个控制端并联，这样就可用一个控制信号来使 8 个三态门同时导通或同时断开。

利用三态缓冲器构造输入接口时，由于三态门没有锁存功能，因此要求外设数据信号的状态能够保持到 CPU 完全读入为止。图 2-2 是一个利用一片 74LS244 作为开关量输入接口的例子。

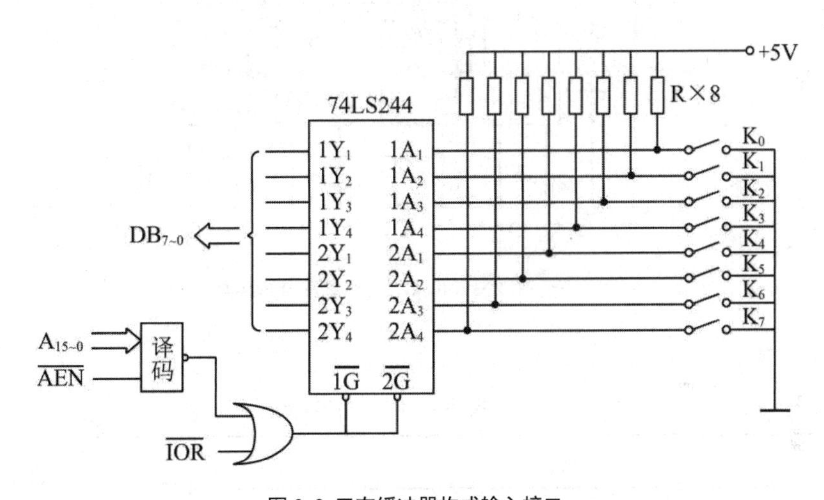

图 2-2　三态缓冲器构成输入接口

74LS244 的输入端接有 8 个开关 $K_0 \sim K_7$，其输出端接到系统的数据总线 $DB_{7\sim0}$ 上。当对此端口进行输入操作（对 80X86 系列 CPU 来说，就是执行 IN 指令）时，要求总线上的 16 位地址信号译码输出和 $\overline{IOR}$ 同时有效（即都为低电平），此时使能信号 $\overline{1G}$、$\overline{2G}$ 都有效，于是三态门导通，8 个开关的状态经数据线 $D_O \sim D_7$ 被读入到 CPU 中。当 CPU 不访问此接口地址时，使能信号 $\overline{1G}$、$\overline{2G}$ 为高电平，则三态门的输出为高阻状态，使其与数据总线断开。此接口电路只有数据端口，在输入操作时，若开关的状态正发生变化，则输入的数据不可靠。

（2）简单输出接口电路。数据总线是 CPU 和外部交换数据的公用通道，当 CPU 把数据送给输出设备时，同样应考虑外设与 CPU 速度的配合问题。要使数据能正确写入外设，CPU 输出的数据一定要能够保持一段时间。一般 CPU 送到总线上的数据只能保持几微秒甚至更短的时间。相对于慢速的外设，数据在总线上几乎是一闪而逝。因此，要求输出接口必须要具有数据的锁存能力，这通常是由锁存器来实现的。CPU 输出的数据通过总线锁存到锁存器中，并一直保持到被外设取走。

数据输出接口通常是用具有信息存储能力的双稳态触发器来实现，最简单的输出接口可用 D 触发器构成。74LS273 就是采用 8D 触发器进行数据锁存的，其引脚如图 2-3 所示。其逻辑真值表见表 2-2。

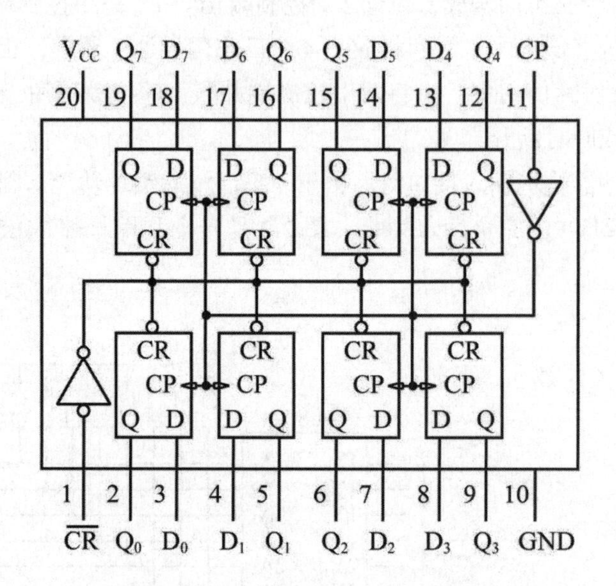

图 2-3 74LS273 的引脚及内部结构

表 2-2 74LS273 的真值表

输入			输出
$\overline{CR}$	CP	D	Q
L	×	×	L
H	↑	H	H
H	↑	L	L

74LS273 内部包含了 8 个 D 触发器，共有 8 个数据输入端（D_0 ~ D_7）和 8 个数据输出端（Q_0 ~ Q_7）。$\overline{CR}$ 为复位端，低电平有效。CP 为脉冲输入端，在每个脉冲的上升沿将输入端 D_n 的状态锁存在输出端 Q_n，并将此状态保持到下一个时钟脉冲的上升沿。

74LS273 常用来作为简单并行输出接口，使用其中的某一个 D 触发器也可通过软件编程实现简单的串行输出。图 2-4 是一个利用 74LS273 锁存器和 74LS06 反相驱动器构成的简单并行输出接口的例子。

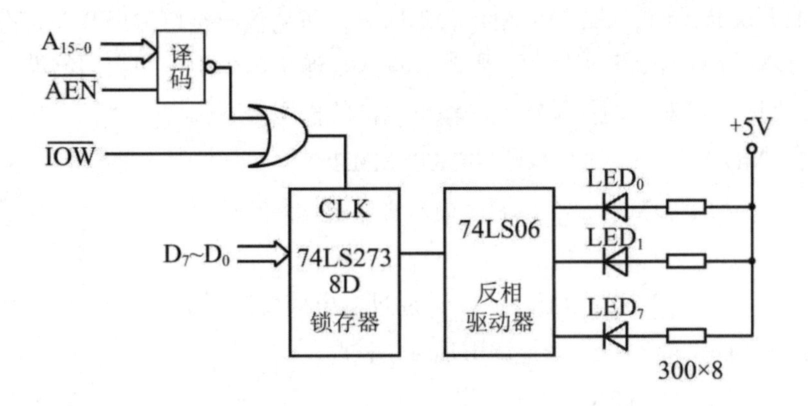

图 2-4 数据锁存器构成输出接口

当微型计算机对此端口进行输出操作(对 80X86 系列 CPU 来说，就是执行 OUT 指令)时，要求总线上的 16 位地址信号译码输出和 $\overline{IOW}$ 同时有效(即都为低电平)。在 $\overline{IOW}$ 的后沿，将数据总线上 D_0 ～ D_7 的数据锁存到 74LS273 的输出端，再通过 74LS06 反相驱动电路控制发光二极管的亮灭。此处取 $\overline{IOW}$ 的上升沿锁存是为了等待数据总线稳定。74LS273 的数据输出端不是三态输出的，只要 74LS273 正常工作，其 Q 端总有一个确定的逻辑状态（0 或 1）输出。因此，74LS273 无法直接用作输入接口，即它的 Q 端不允许直接与系统的数据总线相连接。而另一种常用的 8 位数据锁存器 74LS373，其接口电路带有三态输出，它比 74LS273 多了一个输出允许端 $\overline{OE}$。只有当 $\overline{OE}$=0 时，74LS373 的输出三态门才导通；而当 $\overline{OE}$=1 时，输出三态门呈高阻状态。因此，其既可做输入接口又可做输出接口。

（3）简单双向接口。图 2-5 是利用 74LS244 和 74LS273 作为输入和输出接口的简单例子，通过编写相应的程序，实现用发光二极管的亮灭来表示对应开关的闭合、断开状态。

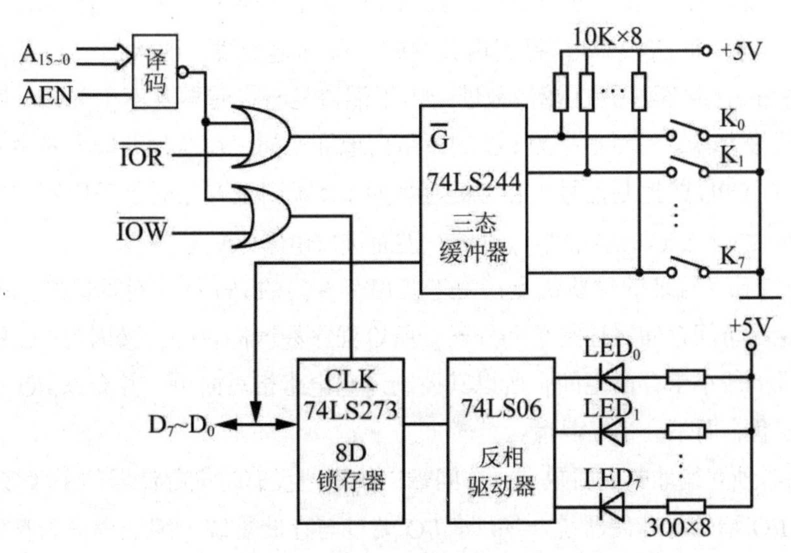

图 2-5 简单输入和输出接口例子

输入接口 74LS244 和输出接口 74LS273 虽然使用了相同的端口地址，但是由于从输入接口读取开关状态时，执行 IN AL，DX 指令，而从输出接口输出开关状态时，是通过执行 OUT DX，AL 指令来实现的，因此，输入、输出指令中使用相同的端口地址并不会出现问题。图 2-5 所对应的简单输入、输出接口的程序如下：

```
NEXT：MOV        DX，PORT_ADDR
IN      AL，DX      ；通过输入接口读入开关状态
NOT         AL
OUT         DX，AL      ；通过输出接口控制发光二极管显示
CALL    DELAY       ；调用延时子程序
JMP         NEXT
```

（三）输入 / 输出端口

1. 输入 / 输出端口的编址方式

CPU 与内部存储器或 I/O 端口交换信息，都是通过地址总线访问内存单元或 I/O 端口来实现的，如何实现对内存单元或 I/O 端口的访问取决于这些内存及端口地址的编址方式。通常有 2 种编址方式：一种是 I/O 端口地址和存储器地址分开独立编址；另一种是端口地址和存储器地址统一编址。

（1）I/O 端口独立编址。I/O 端口独立编址也称为直接 I/O 映射的 I/O 编址，这种编址方式是将 I/O 端口和存储器分开编址，即两者的地址空间是相互独立的，I/O 端口地址不占用存储器地址空间，Z-80/Z8000，i8080/8086/80X86 等系列就是采用这种 I/O 编址方式。8086 访问存储单元可用地址总线 A_{19} ～ A_0，全译码后得到 00000H ～ FFFFFH 共 1MB 地址空间，而 I/O 端口只能利用其中的一部分地址线，即 A_{15} ～ A_0 地址线，可译出 0000H ～ FFFFH 共 64KBI/O 端口地址。由于端口是与存储器互不相关的，所以用户可扩展存储器到最大容量，而不必为 I/O 端口留出地址空间。在这种编址方式中，需要专门的 I/O 指令。在 CPU 的控制信号中，微处理器对 I/O 端口及存储器是采用不同的控制线进行选择的，如 $\overline{IOW}$、$\overline{IOR}$、$\overline{MEMW}$ 和 $\overline{MEMR}$，因而接口电路比较复杂。

I/O 端口独立编址的主要优点：由于使用了专门的 I/O 指令对端口进行操作，因此容易分清指令是访问存储器还是访问外设，所以程序易读性较好；又因为 I/O 端口的地址空间独立、且一般小于存储空间，所以其控制译码电路相对简单，并允许 I/O 端口地址和存储器地址重叠，而不会相互混淆。

I/O 端口独立编址的主要缺点：访问端口的手段没有访问存储器的手段多。

（2）I/O 端口与存储器统一编址。I/O 端口与存储器统一编址也称为存储器映射的 I/O 编址，这种编址方式是从存储器空间划出一部分地址空间给 I/O 设备，把 I/O 端口当作存储单元一样进行访问，不设置专门的 I/O 指令，有一部分对存储器使用的指令也可用于

端口，Apple 系列微型机和一些小型机就是采用这种方式。

I/O 端口与存储器统一编址的主要优点：使用访问存储器的指令对 I/O 端口进行操作，故指令类型多，功能齐全，不仅能对 I/O 端口进行输入 / 输出操作，而且还能对 I/O 端口内容进行算术逻辑运算、移位等；还能给端口有较大的编址空间，这对大型控制系统和数据通信系统是很有意义的。

I/O 端口与存储器统一编址的主要缺点：由于外设端口占用了存储器的一部分地址空间，使存储器能够使用的存储空间减小；指令长度比专门的 I/O 指令要长，因而执行速度较慢；在程序中不易分清哪些指令访问存储器、哪些指令访问外设，所以程序的易读性受到影响。

2. 输入 / 输出端口的地址分配

对于接口设计者来说，搞清楚系统 I/O 端口地址分配是十分重要的，因为把新的 I/O 设备加入系统中去就要在 I/O 地址空间中占一席之地。哪些地址已经分配给了别的设备，哪些是计算机制造商为今后的开发而保留的，哪些地址是空闲的——只有了解这些信息才能确定 I/O 端口的地址。

下面以 IBM-PC/XT 为例，分析 I/O 端口地址分配情况。在 8086CPU 中，访问 I/O 端口可用的地址总线为 A_{15} ～ A_0，可寻址 64K 个 I/O 端口，但在 PC/XT 中，实际参与 I/O 端口寻址的只有其中的低 10 位地址线 A_9 ～ A_0，所以 PC/XT 可寻址的 I/O 端口空间只有 1K（范围为 000H ～ 3FFH），其中 A_9 用于确定端口所在位置。当 A_9=0 时，寻址主机板上的 512 个 I/O 端口；当 A_9=1 时，寻址 I/O 卡上的 512 个 I/O 端口。PC/XT 主板上的 I/O 设备译码电路如图 2-6 所示。

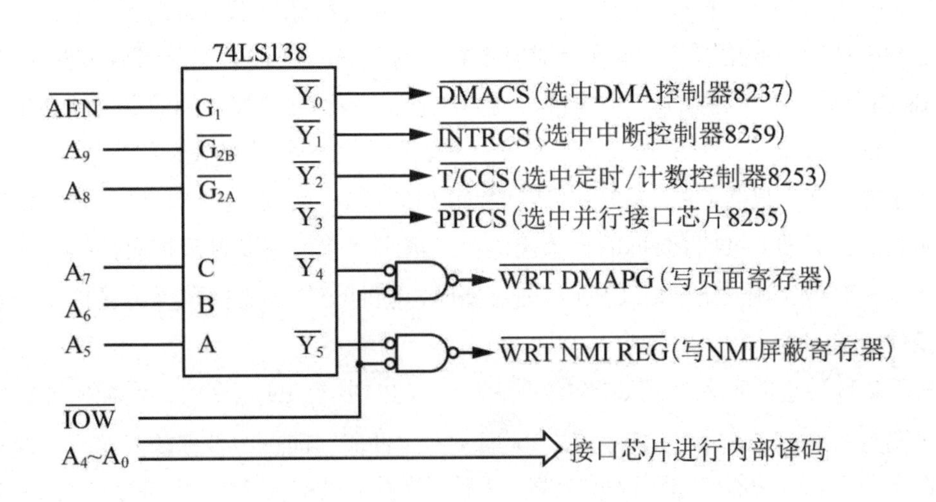

图 2-6 PC/XT 主板上的 I/O 设备译码电路

在图 2-6 中，A_9 ～ A_5 通过 74LS138 译码器产生各接口芯片的片选信号，译码的前提

条件是 $\overline{AEN}$ 为高电平（低电平时表示由 DMA 控制器送出的地址有效），表明此时 CPU 掌管总线。$A_4 \sim A_0$ 提供给 8255/8259/8253/8237 等各接口芯片，在其内部进行地址译码，负责选中芯片的不同端口或寄存器。

（四）输入 / 输出传送控制方式

CPU 与外设间的数据传送方式或输入 / 输出接口的基本处理方式是微型计算机接口技术最基本的内容，CPU 与外设之间进行的数据传送可分为 2 个阶段：CPU 通过总线和 I/O 接口之间的数据传输；I/O 接口和外设之间数据传输，不同的外设对所传送的内容和服务质量有不同的需求，这就需要用不同的传送方式；传送方式的不同决定了 CPU 对外设的控制方式不同，从而导致了接口电路的结构和功能不同。CPU 与外设之间的数据传送方式一般可分为三种方式：程序控制方式、中断方式和直接存储器存取传送（DMA）方式。这三种数据传送方式各有优缺点，在实际使用时可根据具体情况，选择既能满足要求、又尽可能简单的传送方式。

1. 程序控制方式

程序控制方式是指在程序中执行相应的 I/O 指令，从而实现 CPU 与外设间的信息交换的传送方式。在这种方式中，何时进行数据传送是预先知道的，因此可以根据需要将相关的 I/O 指令插入到程序中的相应位置。根据外设的不同要求，程序控制方式又可分为无条件传送与查询传送两种。

（1）无条件传送方式。无条件传送方式传输简单、结构简明，在传输过程中，外设必须始终处于准备好的状态，可以随时接收或发送数据。在外设处于接收方时，CPU 不必检查外设的状态而直接传送数据，若外设不能及时将数据取走，则下一个数据就可能会将还没有处理的数据覆盖，从而造成有效数据的丢失。在 CPU 处于接收方时，当 CPU 发出 IN 指令后，外设必须处于数据准备就绪状态，否则 CPU 接收到的数据就会出现错误。显然，这种方式的使用受到很大的局限，只能用在对一些简单外设的操作。如 CPU 读取 DIP 开关状态，只要 CPU 需要，可随时读取其状态；又如 CPU 向七段 LED 数码管发送显示数据，只要 CPU 将数据的显示代码传送给它，就可立即显示相应数据。外设始终是处于准备好或空闲状态，在 CPU 认为需要时，随时与外设交换数据，这种传送方式就是无条件传送方式。

无条件传送的输入方式如图 2-7 所示。当 CPU 执行 IN 指令时，地址信号经地址译码器译码后与 $IO/\overline{M}$ 及 $\overline{RD}$ 信号结合，选通三态缓冲器，即选中数据输入端口，使来自外设的数据经三态缓冲器传送到数据总线，然后再送往 CPU。显然，当 CPU 执行 IN 指令时，外设的数据必须已经准备好，否则读取的数据没有任何意义。

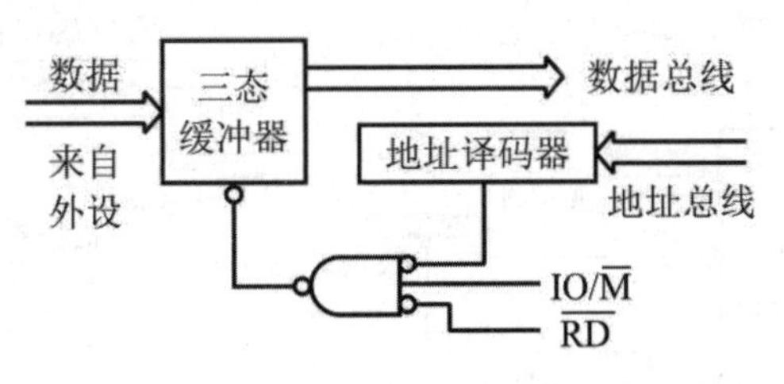

图 2-7　无条件传送的输入方式

无条件传送的输出方式如图 2-8 所示。当 CPU 执行 OUT 指令时，地址信号经地址译码器译码后与 IO/$\overline{M}$ 及 $\overline{WR}$ 信号结合，选通数据锁存器，即选中数据输出端口，使数据经数据总线送往锁存器，再由它送至外设。同样，当 CPU 执行 OUT 指令时，锁存器必须是空的，即前面的数据已由外设处理完毕，可以接收新数据，否则会影响前面数据的处理。

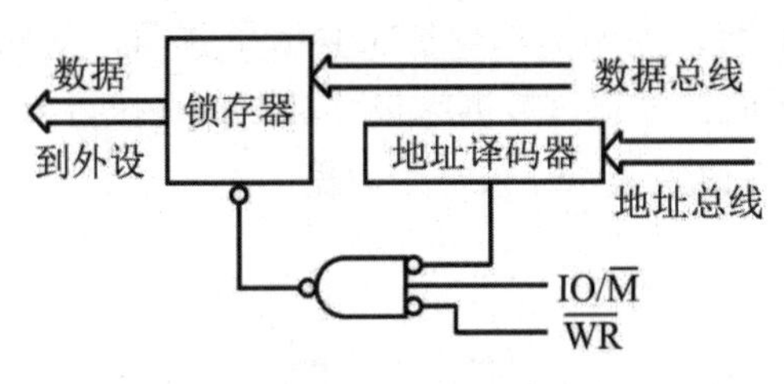

图 2-8　无条件传送的输出方式

可见，无条件传送方式在传送数据时要求 CPU 与外设同步工作，一般只能用于简单开关量的输入 / 输出中。稍微复杂一点的外设都不采用这种方式。

(2) 查询传送方式。无条件传送方式要求外设始终保持与 CPU 同步工作。一旦二者不同步，则无法保证外设与 CPU 之间数据传送的正确性。为此，可采用查询传送的工作方式。查询传送方式适用于 CPU 与外设异步工作的情况，在这种方式中，外设与 CPU 之间的数据传送完全由 CPU 通过查询来实现。CPU 通过不断地查询外设的状态，了解哪个外设处于准备就绪状态，需要服务，然后转入相应的设备服务程序，进行数据交换。如果外设未准备好，不需要服务，CPU 则继续查询。所谓外设处于就绪状态，对输入场合是指外设已准备好送往 CPU 的数据，对输出场合是指外设已做好接收新数据的准备。这种控制方式的特点是 I/O 操作由 CPU 引发，即 CPU 为主动，I/O 为被动。这种传送方式的接口电路除了数据缓冲端口外，还必须有存储状态信息的端口。CPU 通过数据端口与外设交换数据信息，通过状态端口读取状态信息，了解外设的工作状态。

图 2-9 是一种采用查询式输入的接口电路，其中一个三态缓冲器为数据端口，用以读取外设的数据信息；另一个缓冲器为状态输入端口，用以读取外设的状态信息。假设数据端口的地址用符号 DATAPORT 表示，状态端口的地址用符号 STATUSPORT 表示。

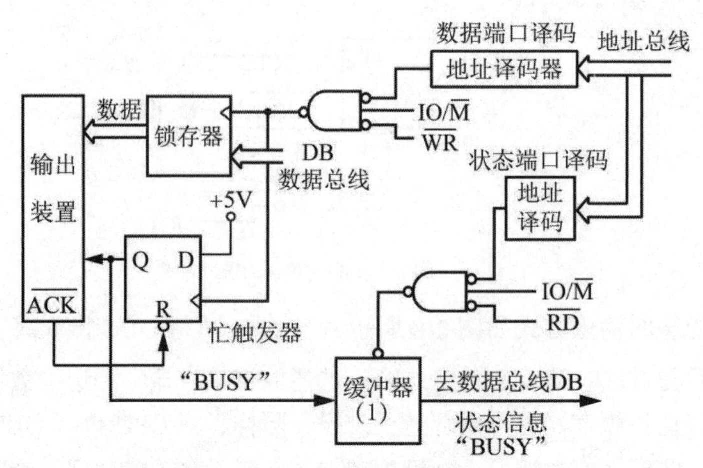

图 2-9 查询式输入的接口电路

其查询式数据输入程序流程图如图 2-10 所示。当 CPU 读取数据时，首先通过状态端口从数据线 D_i（i=0 ～ 7）读取"READY"状态信息（执行 IN AL，STATUSPORT 指令），当"READY"信号为 0 时，表明输入设备没有准备就绪，则程序循环等待、查询；只有当"READY"信号为 1 时，才通过数据端口读取数据（执行 IN AL，DATAPORT 指令），同时使准备就绪触发器复位，表示输入一个数据的操作已经完成。

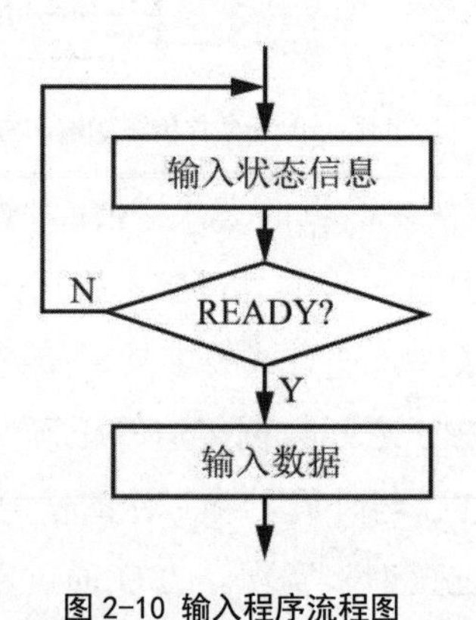

图 2-10 输入程序流程图

当输入设备的数据再次准备就绪时，它发出一个选通信号，此信号在将输入设备的数据暂存入数据锁存器的同时又使准备就绪触发器置"1"，发出准备就绪的 READY 状态信号，等待 CPU 查询，进入下一个数据输入周期。如此周而复始，每输入一个数据，都重复上述过程。

根据图 2-9 的查询式输入接口电路、图 2-10 的输入程序流程图，可编写查询式输入程序如下：

```
CHK_STATUS：INAL，STATUSPORT      ；读入状态信息
TEST       AL，00000001B           ；判断是否就绪，此处 READY 信号接 D0
JZ CHK_STATUS                      ；没有准备好，继续查询
IN AL，DATAPORT                    ；准备好了，读入数据
```

通常，外设的数据可能是8位、12位或16位，而状态信息相对较少，可以是1位或2位。故CPU与某一外设交换数据时一般占用1～2个数据端口，而不同外设的状态信息可以合用同一个状态端口（分别使用状态端口的不同的位来反映各自的状态信息）。

同样地，查询式输出也是首先查询状态端口的信息，当外设“空闲”，即输出设备准备就绪时，通过数据端口输出数据，否则就继续查询外设的状态信息。图2-11是一种采用查询式输出的接口电路，其中有一个锁存器为数据输出端口，一个三态缓冲器为状态输入端口。

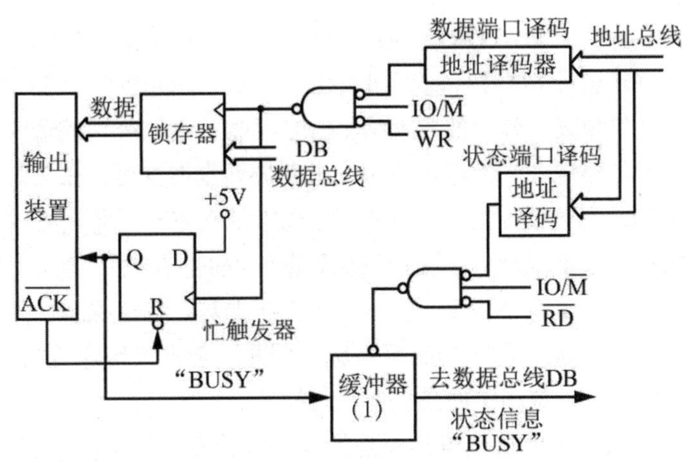

图2-11　查询式输出的接口电路

采用查询式输出，其输出程序流程图如图2-12所示。当CPU输出数据时，首先通过状态端口查询忙信号(BUSY)是否为“0”(执行IN AL,STATUSPORT指令)，当“BUSY”信号为0时，表明输出设备“空闲”准备就绪,CPU就可以通过数据端口输出数据给外设(执行OUT DATAPORT，AL指令)，否则就一直查询“BUSY”信号的状态。当CPU查询到“BUSY”信号为0后，一方面将数据发送至输出装置，另一方面置“忙触发器”输出信号“BUSY”为1。在输出装置输出数据以前，“BUSY”信号一直为1，以阻止CPU发送新的数据。当输出装置输出数据后，发送一个响应信号（$\overline{ACK}$），使“忙触发器”清0，表示输出设备再次进入空闲状态。

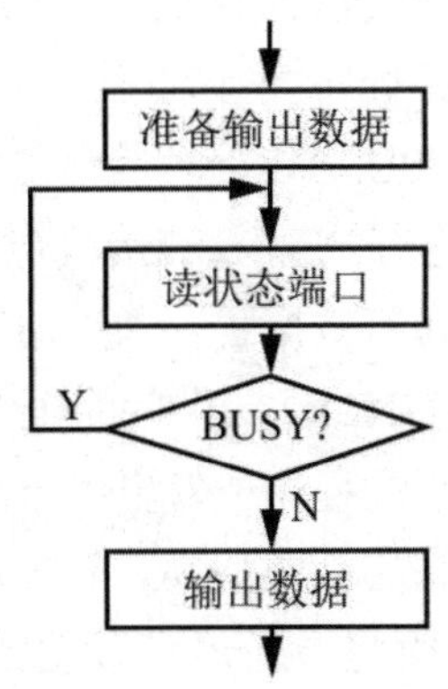

图2-12　输出程序流程图

根据图2-11的查询式输出接口电路，可编写查询式输出程序如下：

```
MOV            BX，OFFSET BUF
CHK_STATUS:    IN          AL，STATUSPORT     ；读入状态信息
AND            AL，00010000B                  ；判断外设是否空闲，此处 BUSY 信号接 D4
JNZ            CHK_STATUS                     ；忙，则继续查询
MOV            AL，[BX]                       ；空闲，则从 BUF 缓冲区中取数据
OUT            DATAPORT，AL                   ；输出数据
```

在利用查询方式进行 I/O 操作时，如系统中有多个 I/O 设备，则 CPU 要对所有外设进行巡回查询，一旦发现某个外设准备就绪，CPU 便执行对该外设的输入（或输出）指令，对输入（或输出）数据做适当处理后，再次进入循环查询过程。在实时控制系统中，如果采用查询方式工作，有时会因为一个外设的 I/O 未处理完毕而无法处理下一个，从而导致和其他外设的数据传送出现延误，影响系统数据处理的实时性，甚至可能由于某外设出现故障而导致设备一直无法就绪，使得查询处于无限循环、等待状态。为避免这种死循环的出现，实际程序中通常加入超时判断等措施。因此，查询式传送方式只适用于 CPU 负担不重，要求服务的外设对象不多而且任务相对简单的场合。

查询方式的优点是硬件接口电路不是很复杂，软件容易实现，传送可靠。但 CPU 必须花费大量的时间去不断查询外设的工作状态，因而 CPU 的使用效率不高。为了提高 CPU 的效率以及使系统具有更好的实时性能，通常采用中断传送方式。

2. 中断传送方式

在查询方式下，外设是被动地等待 CPU 查询，既影响实时性，又耗费 CPU 的工作时间，为此可采用中断传送的工作方式。在中断传送方式中，外设与 CPU 之间的数据传送是 CPU 通过响应外设发出的中断请求来实现的。CPU 和外设之间的关系是 CPU 被动，外设主动，即 I/O 操作是由外设引发的。当外设准备就绪时，通过其接口发出中断请求信号；CPU 在收到中断请求后，中断正在执行的程序，保护断点，转去为相应外设服务，执行一个相应的中断服务子程序；服务程序执行完毕，则恢复断点，返回原来被中断的程序继续执行。当外设未准备就绪时，CPU 可以处理其他事务，工作效率较高。

图 2-13 是一种采用中断传送方式输入的接口电路，当输入装置就绪准备输入数据时，首先发出选通信号，该信号在将数据暂存入数据锁存器的同时又将中断请求触发器置“1”，向 CPU 发出中断请求信号(INTR)。若中断是开放的，则 CPU 接收中断请求信号，在现行指令执行完后暂停正在执行的程序，发出中断响应信号 $\overline{INTA}$，由外设将一个中断类型码放到数据总线上，CPU 根据该中断类型码，转去执行相应的中断服务程序，由输入指令寻址数据端口并输入数据，同时将中断请求触发器置“0”，以撤销中断请求。CPU 在执行完中断服务程序后自动返回被中断的程序。这样，利用中断控制便完成了输入一个数据的任务。

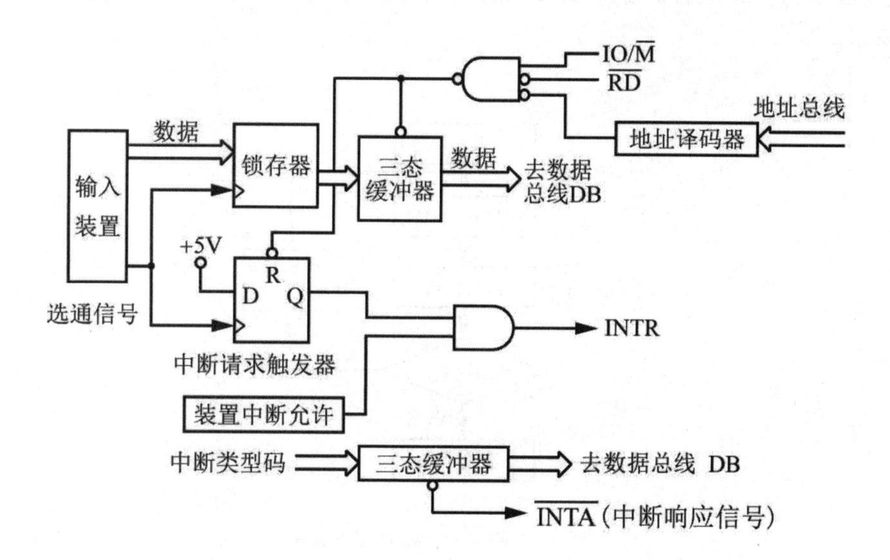

图 2-13 中断传送方式输入的接口电路

中断传送的数据输出接口及其工作过程与输入接口类似，在此不再赘述。

和查询方式数据传送相比，中断传送方式既能节省CPU时间，提高计算机使用效率，又能使 I/O 设备的服务请求得到及时响应，很适合于计算机工作量十分饱满、I/O 处理的实时性要求很高的系统（如实时采集、处理、控制系统），这是它的突出优点。但是，这种控制方式需要以一系列中断逻辑电路作为支持，在具有多 I/O 设备的系统中，它的硬件比较复杂。而且由于中断请求出现的时刻具有随机性，何时执行中断服务程序事先无法预知，因此在采用中断方式传送数据时，程序设计应更为完善、周密。

3. 直接存储器存取传送方式

程序控制的输入、输出方式和中断传送方式都能完成 CPU 与 I/O 设备之间的信息交换，它们的特点是对外设的服务都由程序中的指令来完成，外设的数据都需要经过 CPU 才能和存储器交换，这就必然使得传输速度受到限制。而 DMA 方式无需 CPU 介入，外设和存储器之间直接进行信息交换，数据传送是在全硬件控制的方式下完成的，不需要 CPU 执行指令，这样数据传送的速度上限就仅取决于存储器的工作速度。因此，可大大提高传输速度。

DMA 传送方式需要专用硬件 DMA 控制器来控制完成外设与存储器之间的高速数据传送。通常系统的数据和地址总线以及一些控制信号线（如 IO/$\overline{M}$、$\overline{RD}$、$\overline{WR}$ 等）都是由 CPU 管理的，在 DMA 方式中，要求 CPU 让出这些总线的控制权，即要求 CPU 将与这些总线相连的引脚变为高阻状态，而由 DMA 控制器占用并接手管理这些总线。DMA 控制器具有独立的管理数据总线、地址总线和控制总线访问存储器和 I/O 端口的能力，它能像 CPU 那样提供数据传送所需的地址信息和读、写控制信息，将数据总线上的信息写入存储器、I/O 端口，或从存储器、I/O 端口读出信息至数据总线。通常 DMA 的工作流程如图 2-14 所示。

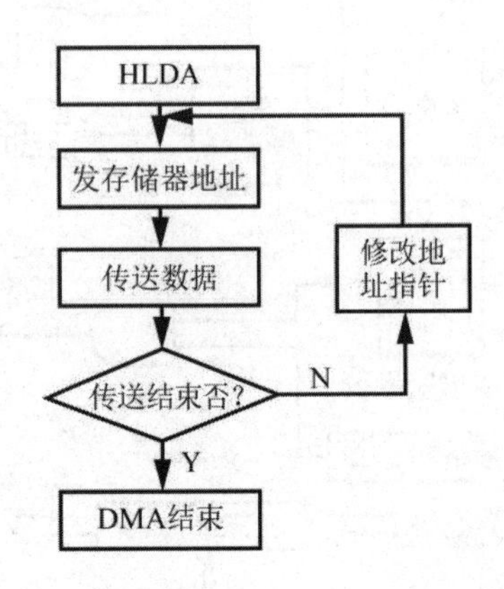

图 2-14 DMA 的工作流程

图 2-15 为某输入设备使用 DMA 方式，向存储器输入数据的接口电路示意图。

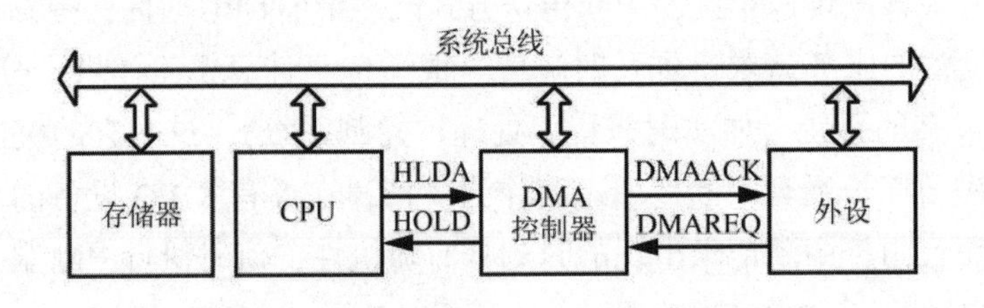

图 2-15 DMA 的接口电路

DMA 接口电路的工作过程：在 DMA 操作之前，应由 CPU 先对 DMA 控制器编程，把要传送的数据块长度即字节数、数据块在存储器的起始地址、传送方向（存储器到 I/O 设备或 I/O 设备到存储器）等信息发送到 DMA 控制器。一旦输入设备要求以 DMA 方式进行传送时，它将向 DMA 控制器发出“DMA 请求”信号 DMAREQ，该信号将维持到 DMA 控制器响应为止。DMA 控制器收到请求后，首先检查该信号是否被屏蔽及其优先权，如认为它有效，则向 CPU 发出请求总线保持信号 HOLD，表示希望占用总线，该信号应在整个传送过程中维持有效。这就是 DMA 请求阶段。CPU 在当前总线周期结束时检测 HOLD，如锁定信号 LOCK 无效，则响应 HOLD 请求，进入保持阶段，使三态总线 CPU 侧呈“高阻”状态，并向 DMA 控制器回送“总线响应”信号 HLDA 通知 DMA 控制器，表示 CPU 已放弃总线控制权。此时，DMA 控制器再向输入设备回送“DMA 响应”信号 DMAACK，使之成为 DMA 传送数据时被选中的设备。该信号将清除 DMA 请求触发器，意味着数据传送开始。传送开始后,DMA 控制器给出内存地址，并向输入设备提供 I/O 读、写和存储器读、写等控制信号，在 I/O 设备和存储器之间完成高速的数据传送。这就是 DMA 响应和传送数据的阶段。DMA 控制器自动增减内部地址和计数，并据此判断任务是否完成，如果传送尚未完成，则重复上述步骤继续进行传送。当编程所设定的字节数据传送完毕后，DMA 控制器将送出一个过程结束信号给外设，外设由此撤销 DMAREQ 信号，继而两组握手信号均先后变为无效，从而结束 DMA 传送，CPU 又重新控制总线。DMA 传送方式具有数据传送速度高、I/O 响应时间短、CPU 开销小等明显优点，应用越来越广。随着大规模集成电路技术的发展，DMA 传送方式不仅可应用于存储器与外设之间的信息交换，也可扩展到两个存储器之间，或两种高速外设之间进行DMA传送，如图 2-16 所示。

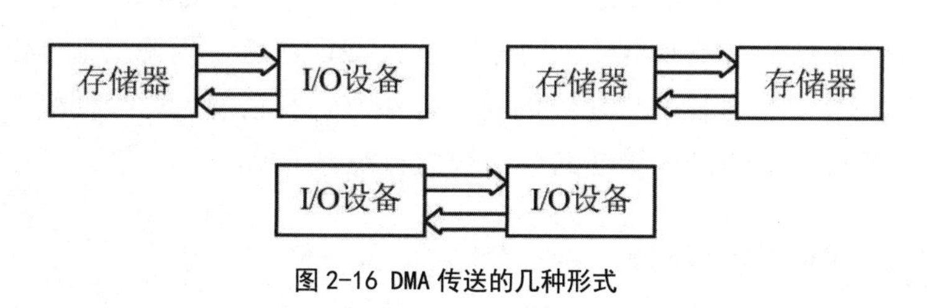

图 2-16 DMA 传送的几种形式

无论哪种情况，都是在 DMA 控制器的控制下直接传送数据的，而不经过 CPU，也不受 CPU 控制。当然，DMA 传送方式的诸多优点通常是以增加系统硬件的复杂性和提高系统的成本而得到的。DMA 传送方式和程序控制输入 / 输出方式、中断传送方式相比，是用硬件控制代替了软件控制。因此，在一些小系统或是速度要求不高、数据传输量不大的系统中，一般不采用 DMA 方式。

二、计算机的总线技术

总线是连接计算机各部件（运算器、控制器、存储器及 I/O 设备）并进行信息传输的一组公共信号线，它的功能是为各部件提供传输各种信息的公共通道，它的核心是总线仲裁逻辑控制，通常以“MHz”表示的速度来描述总线频率。

总线可实现微型计算机系统的模块化，从而简化系统结构，增加系统配置的灵活性，降低系统的成本，提高系统的可靠性，便于各部件和设备的扩充及更新等，目前的微型计算机系统均采用总线结构。对于连接到总线上的多个设备而言，任何一个设备发出的信号可以被连接到总线上的所有其他设备接收，但在同一时间段内，连接到总线上的多个设备中只能有一个设备主动进行信号的发送，其他设备只能处于被动接收的状态。

（一）总线标准

为便于不同厂家的模块能灵活地组成系统并具有通用性，形成了总线标准。该标准是指芯片之间、扩展卡之间以及系统之间，通过总线进行连接和传输信息时，应该遵守的一些协议与规范。采用总线标准，可使各模块接口芯片相对独立，为计算机接口的软件和硬件设计提供了便利。总线标准的主要特性具体如下：

（1）功能特性。功能特性指总线的每根信号线功能，它确定引脚名称与功能，以及它们相互作用的协议等，通常用时序和状态描述信息交换的方式与流向的管理规定。

(2) 电气特性。电气特性定义总线的每根信号线的电压有效值，规定信号的逻辑电平、最大负载能力和信号线传输方向。一般规定送入 CPU 的信号为输入信号（IN），从 CPU 发出的信号为输出信号（OUT）。如地址总线是输出线，数据总线是双向传送的信号线，这两类信号线都是高电平有效。每根控制总线基本都是单向的，有从 CPU 发出的，也有进入 CPU 的；有高电平有效的，也有低电平有效的。总线的电平都要符合 TTL 电平的定义。

(3) 时间特性。时间特性定义每根信号线的时序，也就是每根信号线在什么时间有效。只有规定了总线上各信号有效的时序关系，CPU 才能正确无误地操作。

(4) 机械特性。机械特性指总线的物理连接方式，它规定总线模块尺寸、总线插头、引脚数目、引脚排列、边沿连接器的规格和位置等。

（二）总线的类型划分

1. 按总线内所传输的信息种类划分

按总线内所传输的信息种类，可将总线划分为数据总线、地址总线和控制总线，分别用于传送数据、地址和控制信息。

(1) 数据总线。数据总线(DB)是 CPU 和存储器、外设之间传送指令和数据的通道。信息传送是双向的，它的宽度反映了 CPU 一次处理或传送数据的二进制位数。微机根据其数据总线宽度可分成 4、8、16、32 和 64 位等机型，如 80286 可称为 16 位机。总线内数据线的数目代表可传递数据的位数，同时也代表可在同一时间内传递更多的数据。常见的数据总线为 ISA、EI-SA、VESA、PCI 等。

(2) 地址总线。地址总线（AB）用于传送存储单元或 I/O 接口的地址信息。信息传送是单向的，它的条数决定了计算机内存空间的范围和 CPU 能管辖的内存数量，也就是 CPU 到底能够使用多大容量的内存。总线内地址线的数目越多，存储的单元便越多。

(3) 控制总线。控制总线（CB）用来传送控制器的各种控制信息，是指控制部件向计算机其他部分所发出的控制信号（指令)。不同的计算机系统会有不同数目和不同类型的控制线。实际上控制总线的具体情况主要取决于 CPU。

2. 按总线传输数据的方式划分

按总线传输数据的方式，可将总线划分为串行总线和并行总线。

(1) 串行总线。串行总线也称为通用串行总线（USB)，是连接计算机系统与外部设备的一种串口总线标准，也是一种 I/O 接口的技术规范，被广泛应用于个人电脑和移动设备等信息通信产品，并扩展至摄影器材、数字电视（机顶盒)、游戏机等其他相关领域。

串行总线的特点：① USB 最初是由英特尔与微软公司倡导发起的，其最大的特点是支持热插拔和即插即用。当设备插入时，主机枚举此设备并加载所需的驱动程序，因此使用起来远比 PCI 和 ISA 总线方便。② USB 速度比平行并联总线（如 EPP、LPT）与串联总线（如 RS-232）等传统电脑用标准总线快上许多。③ USB 的设计为非对称式的，它由一个主机控制器和若干通过 Hub 设备以树形连接的设备组成。一个控制器下最多可以有 5 级 Hub，包括 Hub 在内，最多可以连接 127 个设备，而一台计算机可以同时有多个控制器。与 SPI-SCSI 等标准不同，USB Hub 不需要终结器。④ USB 可以连接的外设有鼠标、键盘、游戏杆、扫描仪、数码相机、打印机、硬盘和网络部件。对数码相机这样的多媒体外设 USB 已经是缺省接口；由于大大简化了与计算机的连接，USB 也逐步取代并口成为打印机的主流连接方式。

串行总线的优点：①可以热插拔，告别“并口和串口先关机，将电缆接上，再开机”的动作；②系统总线供电，低功率设备无须外接电源，采用低功耗设备；③支持设备众多，支持多种设备类，例如鼠标、键盘、打印机等；④扩展容易，可以连接多个设备，最多可扩 127 个；⑤高速数据传输，USB1.1 为 12MB/s，USB2.0 高达 480MB/s；⑥方便的设备互联，USB OTG 支持点对点通信，例如数码相机和打印机直接互联，无需 PC。

串行总线的缺点：①供电能力，如果外设的供电电流大于 500mA，设备必须外接电源；②传输距离，USB 总线的连线长度最大为 5m，即便是用 Hub 来扩展，最远也不超过 30m。

（2）并行总线。并行总线是并行接口与计算机设备之间传递数据的通道，采用并行传送方式在微型计算机与外部设备之间进行数据传送的接口称并行接口。

并行总线的特点：①同时并行传送的二进位数就是数据宽度；②在计算机与外设之间采用应答式的联络信号来协调双方的数据传送操作，这种联络信号又称为握手信号。

3. 新型总线

自 IBM-PC 问世以来，微处理器技术的飞速发展使得 PC 的应用领域不断扩大，随之相应的总线技术也得到不断创新，由 PC/XT 到工业标准结构（ISA）总线、扩展工业标准结构（EISA）总线、微通道总线结构（MCA）总线、视频电子标准协会（VESA）总线再到连接外部设备的计算机内部（PCI）总线、高速图形接口（AGP）总线、通用串行总线等。目前，除了大家熟悉、较为流行的 PCI 总线、AGP 总线、USB 总线等外，又出现了 PCI-X 局部总线、PCI Express 等，它们的出现从某种程度上代表了未来总线技术的发展趋势。

（1）ISA 总线。ISA 总线是美国 IBM 公司为 286 计算机制定的工业标准总线。ISA 总线的总线宽度是 16 位，总线频率为 8MHz。

（2）EISA 总线。EISA 总线是为 32 位中央处理器（386、486、586 等）设计的总线扩展工业标准。EISA 总线除包括 ISA 总线的所有性能外，还把总线宽度从 16 位扩展到 32 位，总线频率从 8.3MHz 提高到 16MHz。

（3）MCA 总线。MCA 是 IBM 公司专为其 PS/2 系统（使用各种 Intel 处理器芯片的个人计算机系统）开发的总线结构。该总线的宽度是 32 位，最高总线频率为 10MHz。虽然 MCA 总线的速度比 ISA 和 EISA 快，但是 IBM 对 MCA 总线执行的是使用许可制度，因此 MCA 总线没有像 ISA、EISA 总线一样得到有效推广。

(4) VESA总线。VESA总线是VESA组织(1992 年由IBM、Compaq等公司发起的组织)按局部总线标准设计的一种开放性总线。VESA 总线的总线宽度是 32 位，最高总线频率为 33MHz。

(5) PCI 总线。PCI 总线是美国计算机协会推出的新一代 64 位总线。PCI 总线的最高总线频率为 33MHz，数据传输率为 80MB/s（峰值传输率为 133MB/s）。早期的 486 系列计算机主板采用 ISA 总线和 EISA 总线，而奔腾（Pentium）或 586 系列计算机主板采用了PCI总线和EISA总线。根据586 系列主板的技术标准，主板应该淘汰传统的EISA总线，而使用 PCI 总线结构，但由于很多用户还在使用 ISA 总线或 EISA 总线接口卡，因此大多数 586 系列主板仍保留了 EISA 总线。

(6) AGP 总线。AGP 总线专用于连接主板上的控制芯片和 AGP 显示适配卡，为提高视频带宽而设计的总线规范，目前大多数主板均有提供。

(7) USB 总线。USB 总线是一种简单实用的计算机外部设备接口标准，目前大多数主板均有提供。

(8) PCI-X 局部总线。为解决 Intel 架构服务器中 PCI 总线的瓶颈问题，Compaq、IBM 和 HP 公司决定加快加宽 PCI 芯片组的时钟速率和数据传输速率，使其分别达到 133MHz 和 1GB/s。利用对等 PCI 技术和 Intel 公司的快速芯片作为智能 I/O 电路的协处理器来构建系统，这种新的总线称为 PCI-X。PCI-X 技术能通过增加计算机中央处理器与网卡、打印机、硬盘存储器等各种外围设备之间的数据流量来提高服务器的性能。与 PCI 相比，PCI-X 拥有更宽的通道、更优良的通道性能以及更好的安全性能。

(9) PCI Express。PIC Express 简称 PCI-E，是电脑总线 PCI 的一种，它沿用了现有的 PCI 编程概念及通信标准，但基于更快的串行通信系统，英特尔是该接口的主要支持者。PCI-E 仅应用于内部互联，由于 PCI-E 是基于现有的 PCI 系统，只需修改物理层而无须修改软件就可将现有的 PCI 系统转换为 PCI-E。PCI-E 拥有更快的速率，以取代几乎全部现有的内部总线（包括 AGP 和 PCI）。英特尔希望将来能用一个 PCI-E 控制器和所有外部设备交流以取代现有的南桥/北桥方案，并且PCI-E设备能够支持热拔插和热交换特性。PCI-E 最大的意义在于它的通用性，不仅可让它用于南桥与其他设备的连接，也可以延伸到芯片组间的连接，甚至可用于连接图形芯片，这样，整个 I/O 系统重新统一起来，将更进一步简化计算机系统，增加计算机的可移植性和模块化。

（三）总线操作

1. 总线主设备与总线从设备

连接到总线上的模块按照其对总线的控制能力可以分为总线主设备（主模块）与总线从设备（从模块）。

（1）总线主设备。总线主设备是指在获得总线控制权后，能启动数据的传输、发出地址或读写控制命令并控制总线上的数据传送过程的模块，包括 CPU、DMA 控制器或其他外围处理器（如数值数据处理器、输入 / 输出处理器等）。

（2）总线从设备。总线从设备是指本身不具备总线控制能力，但能够对总线主设备提出的数据请求做出响应，接受主设备发出的地址（并进行译码）和读写命令并执行相应操作的模块，包括内存模块、I/O 接口等。

在微型计算机系统中，总线连接若干个模块并用于传送信息。由于多个模块连接到一条共用总线上，必须对每个发送的信息规定其信息类型和接收信息的部件，协调信息的传送。通常，总线上信息的传输由主模块启动，一条总线上可以有多个具有主模块功能的设备，但在同一时刻只能有一个主模块控制总线的传输操作。当多个模块同时申请总线时，必须通过总线仲裁决定把总线交给哪个模块，以避免总线冲突。

2. 总线操作过程

总线操作过程是指总线主模块申请使用总线到数据传输完毕的整个过程，一般分为 4 个阶段：总线请求和仲裁、寻址、传输数据、结束。

（1）总线请求和仲裁阶段。当系统总线上有多个主模块时，需要使用总线的主模块向总线仲裁机构提出总线请求，由总线仲裁机构决定下一个总线操作周期的总线使用权分配给哪个提出请求的模块。如果总线上只有一个主模块，则不需要此阶段。

（2）寻址阶段。取得总线使用权的主模块通过总线发出本次要访问的从模块的存储器或 I/O 端口地址以及相关的命令，启动参与本次传输的从模块。

（3）数据传输阶段。在主模块控制下，进行主模块与从模块之间或各从模块之间的数据传输，数据由源模块发出经数据总线传入目的模块。

（4）结束阶段。主从模块的有关信息均从总线上撤除，让出总线，为进入下一个总线操作周期做准备。

对于包含 DMA 控制器或多处理器的系统，完成一个总线操作周期这 4 个阶段是必不可少的；而对于只有一个主模块的单处理机系统，实际上不存在总线的请求、分配和撤除过程，总线始终归处理机控制，此时总线传输周期只需要寻址和传输数据 2 个阶段。

（四）总线的性能指标

总线的性能主要从以下三方面衡量：

（1）总线频率。总线频率是指总线每秒能传输数据的次数，以 MHz 为单位。总线频率是总线工作速率的一个重要参数，工作频率越高，速度越快。

（2）总线宽度。总线宽度是指一次能同时传输的数据位数，用位表示。如 16 位总线和 32 位总线，分别指能同时传输 16 位和 32 位数据。

（3）总线带宽。总线带宽又称总线最大数据传输速率，是指在单位时间内总线可传输的数据总量，用每秒能传输的字节数来衡量，单位为 MB/s。总线带宽与总线宽度和总线频率的关系为：总线带宽 =（总线宽度 /8）× 总线频率。

总线宽度越宽、工作频率越高，则总线带宽越大。这三者的关系类似于高速公路上车流量和车道数、车速的关系，车道数越多、车速越高，则车流量越大。

可见，衡量总线性能的重要指标是总线带宽，它定义了总线本身所能达到的最高传输速率。但实际带宽会受到总线布线长度、总线驱动器 / 接收器性能及连接在总线上的模块数量等因素的影响。这些因素将造成信号在总线上的延时和畸变，使总线最高传输速率受到限制。

第三节　计算机硬件组成设备维护技术应用

目前，计算机在我们的日常生活中占据着越来越重要的位置。当计算机出现故障问题时，会在很大程度上给我们的生活造成困扰，例如计算机死机、数据丢失等问题，倘若不能够有效掌握一定计算机诊断以及维护的知识，就不能够很好地解决所面临的这些问题。所以，计算机使用者需要不断提高自身的计算机使用水平，而且还要提高辨别故障问题的能力，从而可以第一时间找到引发计算机故障的根源问题，并做好计算机的日常维护工作，最大限度保障计算机能够高效运行。

一、计算机硬件中的常见问题

（一）开机后无显示

计算机开机之后没有显示主要是和计算机的显示器以及主板等方面有关系，主要存在以下三方面的问题：

（1）可能是由于计算机的主机和显示器之间相连接的位置存在接触不良的问题而导致的计算机屏幕没有显示。

（2）可能是计算机的硬件出现了各种问题。

（3）可能是由于供电口的电压不稳而导致的，电压不正常也会严重影响到计算机的实际运行。

（二）黑屏、启动困难

“在计算机实际运行的过程中，非常容易出现黑屏的问题，这是比较常见的故障，而且也会伴随着出现反复开机以及死机的问题。”[①]之所以出现这种问题，主要有以下原因：

一方面是由于其计算机不能够准确对软件进行有效辨别，进而导致计算机开机时可能出现黑屏的情况。

另一方面可能在计算机实际工作的过程中，当连续工作时间过长时，由于计算机的温度升高，过热系统可能会自动进行干预，一旦 CPU 的温度超过既定的限值，抑或是计算机内的积尘比较多对散热造成了阻碍，好多问题都可能会引起计算机系统由于过热而形成的自动保护，然后导致黑屏的现象。

（三）计算机蓝屏与死机

计算机的蓝屏问题主要体现在计算机开机之后会出现蓝色报警信息，而且计算机会持续不能工作，处于一种死机的状态，这主要是由于软件故障或硬件故障而导致的。其中，软件故障引发的蓝屏可能是由于计算机被病毒或木马入侵，没有能够第一时间对其进行处置而出现电脑蓝屏的现象，这是因为在计算机实际运行工作的过程中由于其内部的空间有限，但是会有一些虚拟的内容占据其内部空间，进而造成计算机的内存不够等问题。

二、计算机硬件排障分析的原则

第一，先清洁后维修。计算机的外表面是非常容易附着比较多的灰尘的，尤其是计算机处在比较封闭的使用环境内，倘若在计算机上面长期附着灰尘，就会对计算机硬件的散热造成比较大的影响，进而会导致计算机的不同硬件与其主板之间的连接产生一些问题。计算机的散热能力如果不断降低，那么会造成计算机所处的工作环境温度太高，最终导致计算机硬件会被损毁，这会在很大程度上缩短计算机的使用时间。由此可见，在计算机使用的过程中一定要及时做好维护的工作，并且要注意对计算机进行定期的清洁，让计算机的硬件设备恢复正常的散热功能，也能够解决由于灰尘而导致的接触不良问题，这会让计算机的使用寿命得到提升。

第二，先外部后内部。在对计算机进行故障排查的过程中，由外到内是基本的原则，相关维修人员一般都是通过对计算机的外部进行检查，比如会对计算机的提示音和可看到的地方进行仔细检查，相关硬件的指示灯是否亮起等，通过这些外部特征来缩小计算机可能会出现的问题，进而确定出现故障的可能性，逐渐缩小问题的范围，再对计算机进行维修。如果通过初步的维修无法将计算机的问题解决。那么就需要选择其他的方法来进行测试和检验，进而对计算机的故障问题进行更深层次的维修。

第三，先简单后复杂。通常情况下，当计算机出现问题时，首先考虑可能出现的较为常见的问题，检查计算机可以看得到的部分，例如对计算机的显示器、鼠标、键盘等进行

① 赵婧华，朱建平，叶波.计算机硬件故障诊断与维护技巧[J].数字技术与应用，2021，39（11）：100-102.

检测，这都属于外设，对于故障问题能够比较容易地进行判断。将这些外设排查完毕之后，再对计算机主机的一些硬件进行排查，由于计算机内部构造的复杂程度比较高，在进行故障排查的时候，需要尽量减少故障检查过程中对其硬件造成的破坏。

第四，先电源后其他。计算机的电源是非常容易出现故障的地方，是非常普遍的故障问题，但是实际对故障问题排查的过程中，电源故障又是最容易被忽略的问题。例如在实际进行故障诊断的过程中，可能是因为电源线接口出现问题或者是电源电压不稳定等造成的问题，但是计算机维修人员在检测的过程中可能会忽视这一点。有些时候可能只是很简单的问题，但是由于维修人员的疏忽就会把问题变得复杂，把维修的难度升高。由此可见，在对计算机进行维修的过程中，一定要做到首先确保电源是没有问题的，再进行其他的检验维修工作。

三、计算机硬件故障处理的方法

（一）直观探测法

一方面是对计算机进行视觉探测，这是指相关工作人员对计算机进行观察排查故障，并分析导致计算机产生故障的原因，最终根据计算机故障的实际情况针对性地采取措施来进行处理。例如当计算机出现黑屏时，第一步是要及时对计算机的显示器和电源之间的连接进行检查，可以将显示器的电源拔下来再重新插一遍电源，或者是换一个插头进行检测，看看是否是电源出现了问题；第二步是检查视频的数据线有没有完全连接，在对以上两方面的问题进行逐一排查之后，再进行下一步的分析研究。

另一方面是对计算机进行听觉检测，这是指相关工作人员通过对计算机所发出的声音来进行判断，从声音来获取信息，进而再对问题可能出现的位置逐一地排查和分析。比如当计算机无法正常开机时，可能在开机的过程中会出现滴滴的声音，这个时候可以根据计算机发出的嘀嘀声对其进行检查，要注意的是计算机的品牌和型号不同，其声音和频率也会存在差异，可能出现的问题也不一样。因此，就需要根据其电脑的品牌和型号对其进行具体的分析，然后进行相应的检测和维修。

此外也可以利用触觉探测，这是指相关工作人员在确保用电安全的环境下，通过采用触摸的方式来了解计算机硬件的表面温度，从而可以初步对计算机温度是否过高的问题进行了解，并对这一问题产生的原因进行深入分析研究。

（二）拔插计算机芯片

通过拔插计算机芯片可以对计算机可能出现的问题进行检测和排查，主要是将计算机芯片插入到计算机然后拔出，通过芯片插入时计算机的状况来发现问题，进而找到解决问题的方法。

按照既定的次序来将计算机上的相关硬件拔出，每拔掉一个硬件之后就要对计算机的状态进行检测，如果将某一个硬件设备拔出之后，计算机的故障问题消失了，那么就可以将故障点锁定在这一个硬件上面，然后再对这一硬件进行仔细的分析和研究，进而找到出现问题的主要原因。

（三）替换排除法

替换排除法是通过利用没有问题的硬件来对可能存在故障的硬件进行替换，从而对故障问题进行判断。

使用这一方法需要先对可能存在故障问题配件的连接线进行检查，然后对这一配件进行替换。当替换下某一个配件之后，如果计算机仍然存在这一故障问题，就说明这一配件本身没有出现问题，进而不断重复以上的做法，将各种硬件进行一一替换，进而找到出现故障的具体位置。

（四）隔离法

在对计算机硬件问题进行诊断的时候，相关诊断人员可以利用隔离法对其进行诊断，主要就是将妨碍故障分析的软件与硬件进行隔离处理，然后再检测故障问题。

（五）敲打法

敲打法适用于计算机出现一些接触不良等故障问题时，通过对计算机外箱进行适当的敲打震动，也可以用橡胶锤来对特定的设备进行敲打，从而可以将故障复现，进而能够将计算机故障点进行确定。

四、计算机的日常保养习惯

第一，避免非法关机。在计算机正常关机的时候，机器会对文件进行回读，通过这样的方式能够保障计算机内部的文件不会出现损坏，而且还能够最大限度确保计算机硬件的正常运行。非法关闭计算机容易出现文件丢失的问题，数据信息也容易受损。

第二，不定时对计算机硬盘进行碎片处理。硬盘会有很多的文件碎片以及多余的其他文件，这会在很大程度上降低硬盘的利用效率，不仅会降低计算机的实际运行速度，而且还会容易导致计算机的硬盘出现损坏问题。这就需要计算机使用者能够对文件碎片进行不定期的清理工作，并且要养成及时清理碎片的习惯。

第三，要将计算机的重要数据进行及时备份。随着经济水平的不断提升，如今计算机已基本实现全覆盖，几乎家家户户都有计算机，计算机给人们的生活也带来了极大的便利，数据存储功能越来越重要，在实际的使用过程中，使用者需要养成备份数据的良好习惯，做好重要数据的备份工作才能够减少因计算机故障而造成的损失和麻烦。

第四，定期对计算机进行清洁。计算机的显示器在正常通电运行工作的过程中，会产生比较大的静电，这会将计算机周边的灰尘吸附过来，因此为了减少灰尘的堆积需要定期对计算机的显示器进行清洁，在清洁的过程中值得注意的是计算机的液晶显示屏不能用含有酒精成分的擦拭剂进行灰尘的清理，针对我们使用比较多的台式电脑来说，主要是通过利用风扇以及液体硅胶来进行散热，计算机风扇在长时间的高速运转过程中会在外表层覆盖比较多的灰尘。

综上所述，计算机在实际运行使用的时候，由于一些因素影响，经常会出现故障问题，这会对计算机造成比较大的影响。所以，我们要了解熟悉一些计算机常见的故障问题，并且能够掌握一定的故障处理办法，最后再养成良好的计算机使用习惯，不仅能够提高计算机的使用效率，而且还能够延长计算机的使用年限，确保其能够有序运行，更好地为我们的工作生活服务。

第三章　计算机软件系统及其技术应用

计算机软件系统是计算机软件中的实体部分，也是计算机软件中的核心内容，可简称软件系统。

计算机软件系统一般可分为传统计算机软件系统（简称软件系统）与网络计算机软件系统（简称网络软件系统或网络软件）两部分。其中，每部分可分为系统软件、支撑软件与应用软件三部分；在系统软件中又可分为操作系统、程序设计语言及其处理系统、数据库系统三部分。

计算机软件是建立在计算机硬件之上的，硬件之所以能正常运行，要依靠程序与数据——程序是需要编制的（即程序设计），数据是需要组织的（即数据结构）——它们组成了基本的软件。

随着计算机应用范围的扩大，程序规模与复杂度越来越高，数据的规模与复杂度也就越来越高，计算机软件在计算机中的重要性也随之增大，并形成完整体系，具体包括系统软件、应用软件及支撑软件三个部分。

第一节　传统计算机软件系统

一、系统软件

（一）操作系统

“操作系统（OS）是一种系统软件，它是整个计算机系统的总接口，在本小节中主要介绍操作系统作用、功能及结构，同时也将介绍常用的几种操作系统产品。”[①]

1. 操作系统的接口作用

计算机系统主要由硬件、软件及网络 3 个部分组成，此外还包括使用系统的用户，操作系统将这几个部分有机组合在一起——操作系统建立了这几者的总接口，使系统能在操

① 徐洁磐.计算机软件基础[M].北京：中国铁道出版社，2013：87.

作系统的协调下正常有效地运行。

操作系统的接口作用主要表现为:

（1）软件与硬件间的接口。软件与硬件间的接口是操作系统的主要接口，正常运行的计算机必须是软、硬件相结合的，而在其中起软、硬件黏结作用的就是操作系统。

（2）计算机与数据通信间的接口。计算机硬件与软件组成了计算机，计算机与数据通信相结合后就组成了网络，它们之间也需要有接口，这种接口也由操作系统负责承担——具有这种接口的操作系统称为网络操作系统。

（3）硬件与硬件间的接口。硬件与硬件间的接口包括计算机硬件内部各器件间的接口，如 CPU 与设备控制器间的接口、设备控制器间的接口等，它们很多都通过操作系统接口。

（4）计算机系统与用户间接口。用户使用系统必须有接口，这种接口也由操作系统实现。

（5）计算机基础接口。系统中的硬件、软件、网络、用户四者间的接口都是通过一种更为基础性的接口——中断而实现的，中断是操作系统中所有接口的基础接口。

以上五种接口组成了一种宏观的计算机系统总接口。

2. 操作系统的必要功能

为完成上述的接口，操作系统必须具有的功能：①从软件观点看——控制程序运行，用来实现软 / 硬件接口；②从硬件观点看——资源管理，用来协助软 / 硬件接口实现；③从用户观点看——用户服务，用来实现硬件与用户接口；④从系统观点看——总接口实现，包括中断与宏观总接口。

下面对这几个部分进行简要介绍:

（1）控制程序运行。程序是软件中的产物，它只有运行才能产生结果，从而取得效益，因此程序的运行是软件发挥效能的关键。

程序运行的主要条件是资源支撑，具体包括程序运行的空间平台——内存资源、程序运行的操作时间平台——CPU 资源、程序运行的数据平台——数据及其空间资源、程序运行的输入/输出设备平台——设备资源。一般来讲，程序在不同的运行阶段需要不同数量、不同品种的资源，因此为了让程序正常运行，计算机需要一个专门的系统不断为程序提供所需资源，这个系统就是操作系统。

在计算机中，如果只有一个程序运行，此时，所有硬件资源都可为此程序服务（称为程序独占资源），在这种情况下，操作系统为程序提供资源的任务就较为简单，但是，在目前计算机系统中往往有多个程序须正常运行（称为程序共享资源），在这种情况下，操作系统的任务就变得复杂多了，它需要协调 n 个资源与 m 个程序间的关系，使每个程序都能高效、正常地运行。

（2）资源管理。由于控制程序运行必须有资源保证，因此要求操作系统能牢固控制资源并对其进行严格管理，这就称为资源管理。在计算机系统内所有资源（主要是硬件资源)都由操作系统统一掌握管理，所有对资源的使用与归还均须由操作系统统一调度实施。

操作系统的控制资源主要包括：① CPU——这是最重要的资源，且一般只有一个（多核计算机除外)，因为只有它才能执行程序；②内存——这也是一种重要资源，只有获得内存资源，程序才能在其上执行；③外部设备资源——包括外部存储器、输入设备及输出设备等；④数据资源——包括外存持久性空间及相应数据资源。

操作系统资源管理的任务主要包括：①资源的分配与回收——这是资源管理的最重要的内容，主要负责将资源及时分配给进程，同时在进程使用完资源后及时回收资源。为使资源的分配更为合理，可设计一些资源调度的算法，如 CPU 的调度算法、打印机的分配算法等。②提高资源使用效率——这是使资源充分发挥作用是操作系统的任务之一，如采用虚拟存储器扩大主存容量、采用假脱机以提高输入 / 输出设备的效率等。③为使用资源的用户提供方便——通常资源本身与用户需求有一定差异，因此需要对资源做一定的转换与包装以满足用户的需要，如打印输入是以页为单位的，而打印机指令则以行为单位输出，此时需要安装打印机服务程序以组织打印机指令以页为单位输出。

操作系统的软、硬件接口的作用就是通过资源管理及控制程序运行这两个功能实现的。

（3）用户服务。操作系统不但有管理作用，还须有服务作用。操作系统所提供的服务是整个计算机系统，而它的服务对象是用户，这种用户不仅包括直接使用操作系统的操作人员，还包括使用操作系统的程序。计算机系统不但面对众多程序，还直接面对操作用户，为方便用户使用系统是操作系统的又一任务。主要包括：①友好的界面——为用户使用系统提供方便、友好的界面。②服务功能——为用户使用系统提供多种服务。如为用户使用文件服务、为用户使用打印机服务、为用户上网服务以及为用户做磁盘分区和清理服务等。这两方面即是操作系统用户服务功能的具体体现。操作系统中与用户的接口即是通过用户服务功能实现的。

（4）基础接口——中断。操作系统作为计算机系统的总接口，最终都是通过中断这个基础性的接口而实现的。中断由硬件与软件联合组成，其软件部分属操作系统，它是软、硬件的基本连结通道，也是硬件与用户的基本连结通道以及硬件与数据通信及硬件间的基本连结通道。

3. 操作系统的具体构造

目前，一般的操作系统采用分层内核式结构，由内核与外壳两部分组成，其中内核完成操作系统的基本核心功能，而其他功能由外壳完成。内核是操作系统的底层，它下面是硬件接口，而外壳则是操作系统的上层，它上面是用户接口。

在分层内核式结构中，用户通过外壳与内核交互，再由内核驱动硬件执行相关操作，在其中内核无疑是操作系统中最重要的部分，操作系统的大部分功能，即控制程序运行及资源管理工作均由内核完成。为保证任务的完成，硬件为内核设有专门装置，这就是特权指令与中断装置。其中特权指令是一些指令仅供内核操作使用，而中断则是内核与硬件、内核与软件间联系通道。

此外，在计算机运行时分两种状态：一种称为管理状态（简称管态或核态），另一种称为用户状态（简称目标状态或目态）。管态是指操作系统内核运行时所在的状态，在此时所运行的程序享有包括使用特权指令、处理中断在内的一些权力；目态则是用户使用（即非内核运行）时的状态，它不享有任何特权。

4. 操作系统的安装过程

操作系统的安装一般由计算机软件、硬件联合完成，以 PC 为例，在 PC 的主板上有 BIOS 装置（它装有装入程序及 CMOS 程序）。在接通 PC 电源后，由硬件首先启动 BIOS 中的 POST 自检程序，在测试合格后，即启动 BIOS 中的操作系统的装入程序。操作系统是一种大型的系统软件，它的容量大，一般存储于硬盘内。在操作系统装入程序启动后，其装入过程如下：

（1）装入程序根据 CMOS 中参数的设置，从相应的存储器（或硬盘、CD-ROM 等）中读出操作系统的引导程序至内存相应区域，然后将控制权转移给引导程序。

（2）引导程序引导操作系统安装，将操作系统的常驻部分读入内存，而非常驻部分则仍存储在硬盘内，在必要时再进行调入。目前大多数操作系统采用此种方法，它们均以磁盘为其基地，这种操作系统称为磁盘操作系统。

（3）在常驻部分进入内存后，引导程序将控制权转移至操作系统，此后，整个计算机就控制在操作系统之下，这时，用户就可以使用操作系统了。

（二）程序设计语言及其处理系统

1. 程序设计语言的发展概况

程序是为完成某个计算任务而指挥计算机（硬件）工作的动作与步骤，计算机（硬件）是听从人指挥的，程序是由人编写的，因此人可以通过程序指挥计算机（硬件）工作，编写程序的过程称为程序设计。程序中的描述动作与步骤是由指令（或语句）实现的，因此程序是一个指令（或语句）序列。一般来讲，计算机（硬件）中有一个指令（或语句）集合，程序可以用指令（或语句）集合中的指令（或语句）按一定规则编写，指令与相应规则集合组成了程序设计语言。

程序设计语言是人与计算机交互的语言，人为了委托计算机完成某个计算任务时必须用程序设计语言做程序设计，最后以程序形式提交给计算机（硬件）。计算机（硬件）按程序要求完成任务，其中程序起关键的作用，它相当于一份下达给计算机（硬件）的任务说明书。

2. 程序设计语言的层次划分

世界上已有程序设计语言达数百种之多，它们由低级向高级发展，迄今为止，它可以分为 2 个层次、3 个大类。这 2 个层次是低级语言与高级语言，而低级语言又分为机器语言与汇编语言，这样共有 3 个大类。

（1）低级语言。低级语言是一种面向机器的语言，它包括机器语言与汇编语言。机器语言是由计算机指令系统所组成的语言，它位于语言体系中的最底层，用它编写的程序能在计算机上直接执行，执行速度快，但是它也存在着致命的缺点，即用户编写程序的难度大以及可移植性差，因此必须对它进行改造。改造可以分为若干个层次，其首要是改造成汇编语言，接着是高级语言。人们最不能容忍的是机器语言的指令采用二进代码形式，因此首要任务是将二进编码形式改造成人类所熟悉的符号形式，即称符号化语言。如果说机器语言是第一代语言，则这种符号化语言称为第二代语言，也称汇编语言。汇编语言可借助人们所熟悉的符号表示指令中的操作码和地址码，而不再使用难以辨认的二进制编码。这是一种对机器语言的改革，有了汇编语言后，程序编写就方便很多。汇编语言由一些基本语句组成，它与机器语言中的指令一一对应，即一条指令对应一条汇编语句。

（2）高级语言。虽然汇编语言比机器语言前进了一大步，但是它离人们表达思想的习惯与方式还相差甚远，因此需继续改造，使之能有一种符合人类思维和表达问题求解方式的语言，并与人类自然语言及数学表示方式类似的语言——这种语言称为高级语言，又称高级程序设计语言，也可简称程序设计语言。有了高级语言后，编写程序就变得很容易了，它可以按照人们习惯使用的自然语言及数学语言方式编写，且仅使用其中少量语句。这样，程序设计的问题从根本上得到解决。

程序设计语言的三个发展阶段具有一定的依赖关系，它表示了由计算机硬件所组成的指令系统（即机器语言）逐步改造的过程，使之能适应人们的需要。

随着应用的进展，程序设计语言得到了极大发展，目前已形成了庞大的计算机语言家族，它包括：①传统程序设计语言，目前流行的是 C、C++、Java 等；②可视化语言，用于开发应用特别适用于人机可视化界面的开发，如 Delphi 语言、VB 语言等；③标记语言，用于 Web 中书写网页的语言，如 HTML 语言、XML 语言等；④说明性语言，用于描述性应用，如数据库中的 SQL 语言、人工智能中的 PROLOG 语言等；⑤脚本语言，用于组件连接，以实现其特定组成功能，如 Perl 语言、JavaScript 及 VBScript 语言等。

3. 程序设计语言的组成部分

一个程序设计语言一般由三部分组成，它们是数据说明、处理描述、程序结构规则。

（1）数据说明。程序的处理对象是数据，因此在程序设计语言中必有数据描述，在语言中包含有三种基本数据元素：①数值型，包括整数型、实数型等；②字符型，包括变长字符串、定长字符串等；③布尔型，即仅由 True 及 False 两个值组成的类型。

在程序设计语言中，一般用变量表示数据。变量一般由变量名与变量类型两部分组成。如 C 语言中，intx 定义了一个变量名为 x，类型为整型的变量。在语言中，四种基本类型为整数型、实数型、字符型及布尔型等，分别可表示为 int、real、char 及 boolean 等。此处，还可用常量表示固定数据。现代的程序设计语言中还会包括常用的数据元素及数据单元，如元组、数组等。

（2）处理描述。处理描述给出了程序中基本处理操作，具体如下：

①基本运算处理：①数值操作，针对数值型数据的一些操作，如算术运算、比较运算等操作；②字符操作，针对字符型数据的一些操作，如字符串中的比较操作，字符串拼接、删、减等操作；③逻辑操作，针对布尔型数据的一些操作，如逻辑运算、逻辑比较等操作。在程序设计语言中，处理描述首先定义一些运算符，如 +、-、*、/、＜、＞、= 等；其次由运算符及变量及常量可以组成表达式，如x=a+b*c等，它们组成了基本的处理单元。

②流程控制：a 顺序控制。程序执行的常规方式是顺序控制，即程序在执行完一条语句后，顺序执行下一条语句。顺序控制并不需要用专门的控制语句表示。b 转移控制。程序执行在某些时候需要改变顺序执行方式而转向执行另外的语句，称为转移控制，而转移控制的实现是需要用专门的转移控制语句完成的。c 循环控制。在程序中经常会出现反复执行某段程序，直到某条件不满足为止，此称为循环控制。循环控制实现是需要用专门语句完成的，称为循环控制语句。

③赋值功能。赋值功能主要用于将常量赋予变量，在程序设计语言中，一般用“=”表示赋值。

④传输功能。传输功能用于程序中数据的输入、输出。如在 C 语言中有两个函数，它们是 scanf（）与 printf（），分别用于标准的输入、输出。

（3）程序结构规则。程序是有结构的，不同语言的程序结构是不同的。程序结构是指如何构造程序，它需要按语言所给予的规则构造。如在 C 语言中的函数结构，程序按函数组织，程序中有一个主函数，其他函数都可由主函数通过调用进行连接。

4. 语言处理系统

语言处理系统是将程序设计语言所编写的程序翻译成机器语言程序的一种软件系统。在其翻译过程中，被翻译的语言与程序分别称为源语言与源程序，而翻译生成的机器语言与相应程序则分别称为目标语言及目标程序。因此，语言处理系统是由源程序翻译成目标程序的一种软件。

目前，可按不同源语言及不同翻译方式将语言处理系统分为三种，具体如下：

（1）汇编程序。由汇编语言所编写的程序到机器语言程序的翻译程序称为汇编程序，这是一种最简单的语言处理系统。

（2）解释程序。由高级语言所编写的程序按语句逐条翻译成机器语言程序并立刻执行的翻译程序称为解释程序。目前，如 BASIC 语言及 VBScript 等就采用此种方式，Java 语言中也采用了此种方式作为翻译的一个部分。用解释程序方式处理具有简单、灵活、方便等优点，但是其生成的目标程序质量不高。

（3）编译程序。由高级语言所编写的程序到机器语言程序且一次性整体生成的翻译程序称为编译程序。目前，大多数高级语言都采用此种方式，如C语言、C++、C#以及Java中的主体部分等。用编译程序方式处理方法复杂，但所生成的目标程序质量较高。

5. 汇编语言处理系统

汇编语言处理系统即是汇编程序，其功能是将汇编语言书写的源程序作为输入，通过它的翻译后以机器语言表示的目标程序作为其输出结果。

汇编程序的翻译原理具体如下：

（1）汇编程序的翻译过程是一对一的，汇编源程序中的每一语句最后必翻译成一条机器指令，它们是一一对应的。

（2）每个语句的翻译内容包括：①将汇编语句中的操作符替换成机器指令中的指令码；②将汇编语句中的符号化地址替换成机器指令中的物理地址；③将汇编语句中的常量替换成机器指令中的二进制数表示；④分配指令和数据的存储单元地址。

（3）对汇编源程序中的每个语句从头到尾逐条翻译，最后即可得到相对应的机器指令的程序即目标程序。

6. 高级语言处理系统——解释程序

对高级语言处理系统，下面介绍逐句翻译的系统——解释程序，也可称为解释系统。解释程序是以高级语言编写的源程序为输入，按源程序中语句的动态执行顺序逐句重复翻译、运行的过程，直至程序执行结束为止。其中，翻译的过程是将源程序每条语句翻译成多条机器指令作为其目标，这是一种一对多的过程，而其运行过程则是执行目标程序并取得结果。这样反复不断、逐条翻译并运行，直至程序结束，最终可以得到程序的运行结果。解释程序可看成是源程序的一个执行控制机构，它不断生成目标并执行目标，直至程序结束而结束，它犹如日常自然语言翻译中的“口译”方式，如英译汉，演讲人每讲一句英语，翻译人员当场翻译成汉语，直至演讲完毕，整个翻译也就完成了。

解释程序的翻译原理要比汇编程序略为复杂，其大致工作分两个部分：翻译部分与运行部分。

（1）解释程序的翻译部分。解释程序的翻译部分主要对源程序中的每单个语句做分析、解释，此部分的其具体工作流程是：①从源程序中取一个语句，进入翻译部分准备翻译；②对语句进行语法及语义检查，若有错误，则输出错误信息，并终止流程，否则继续翻译程序；③生成等价的目标代码，这是一种一对多的生成方式，即一个语句一般可以生成多个目标代码。

接下来即是进入运行部分。

（2）解释程序的运行部分。解释程序的运行部分主要以翻译部分的输出（即语句的目标代码）作为它的输入，此部分的具体工作流程是：①运行目标代码，产生运行结果；②运行结果并输出；③返回翻译部分首部并启动下一个语句的输入。

7. 高级语言处理系统——编译程序

高级语言处理系统之整体一次性翻译的系统——编译程序，也可称为编译系统。编译程序是以整个源程序一次性翻译作为其目标，因此其翻译难度较大。其过程是以高级语言源程序作为输入，经编译程序翻译后生成源程序的全部目标代码作为其输出。

(1) 编译程序的工作原理。编译程序的工作比较复杂，可以将其分解为4个步骤，每个步骤由先到后顺序进行，一般每完成一个步骤产生一个中间结果，全部结束后即可一次性产生源程序的全部目标代码。编译程序的工作原理可以通过以下步骤来说明：

①高级语言源程序分析。编译程序的工作对象是高级语言的源程序，为进行编译，需要先对高级语言的源程序进行分析。这种分析分为词法分析和语法分析两种：a. 词法分析。高级语言源程序一般是由若干个单词组成，亦即是说，高级语言源程序的基本单位是单词。在编译程序中，源程序是以字符流的形式输入，为分析源程序，其首要任务是将字符流中的单词逐个分解出来，这是编译生成第一个步骤，称为词法分析。b. 语法分析。经过词法分析后得到的是源程序的单词序列，亦即是说，经词法分析后将源程序流分解成为单词流。接下来的工作就是按语法规则将单词组装成语法单位。因为在高级语言中的基本处理单位就是语法单位，语法分析步骤就是将源程序的单词流经语法分析后成为句子流。

②代码生成。语法分析后，将所得的语法单位进行代码生成。这种代码在此阶段尚不是目标代码，而仅是一种中间代码。经过这个阶段后，可以将语法单位序列转换成为中间代码。

③代码优化。由源程序所生成的中间代码一般可以有多种，它们都是等价的，因此需要生成一种优化的代码以供最后生成目标程序之用。所谓优化代码，指的是该代码具有较高的运行速度以及较低的存储空间。经过这个阶段后，可以将中间代码转换成为优化的中间代码。

④目标代码生成。对优化后的中间代码做目标代码生成，同时给变量、数据分配空间地址，最终翻译成目标程序。这是编译程序的最后一个阶段，它将优化的中间代码转换成为最终的目标程序。

(2) 编译程序的实现流程。编译程序实际上是由几个部分组成，每个部分完成一项特定工作，称为一趟扫描，它们按一定次序扫描，扫描后即可将源程序转换成目标程序。

编译程序是有加工对象的，从总体看，它的加工对象是源程序，而每趟扫描都有其特定加工对象。

编译程序是有加工结果的，从总体看，它的加工结果是目标程序，而每趟扫描都有其特定加工结果。

下面对五趟扫描做介绍：

①第一趟扫描。此趟扫描完成词法分析，它的加工对象是源程序，而它的加工结果是单词序列。

②第二趟扫描。此趟扫描完成语法分析，它的加工对象是单词序列，而它的加工结果是语法单位序列。

③第三趟扫描。此趟扫描完成中间代码生成，它的加工对象是语法单位序列，而它的加工结果是中间代码。

④第四趟扫描。此趟扫描完成中间代码优化，它的加工对象是中间代码，而它的加工结果是优化后的中间代码。

⑤第五趟扫描。此趟扫描完成最终的任务，即目标代码生成，它的加工对象是优化的中间代码，而它的加工结果是最终的目标程序。

此外，在编译程序中还有两个辅助性的程序。它们是:

⑥表格管理程序。在编译程序处理过程中会产生很多数据，特别是中间的加工结果数据，如单词、语法单位等，它们都统一存储于特定设置的表格内，而表格管理程序则是用于管理表格，它包括对表格的读、写以及增、删、改等操作。

⑦出错处理程序。在编译程序处理过程中经常会产生出一些错误。因此需要设置一个出错处理程序以统一处理错误。

综上，一个完整编译程序即是由上面七部分组成。

（三）数据库系统

数据库系统是编译程序的最后一个阶段，它将优化的中间代码转换成为最终的目标程序。数据库系统是一种数据组织，它是以系统软件形式出现的数据组织。

1. 数据库系统的特色

作为数据组织，数据库系统中的数据具有共享性、海量性及持久性，为管理好这些数据，对数据组织有一定的要求，也可以说，数据特性决定了数据组织。

(1) 数据共享。数据是一种资源，可为多个应用所共享，使数据能发挥更大的效用。共享的数据对数据组织的要求具体如下:

①全局模式与局部模式。数据库系统中的数据应能为多个应用共享。因此首先须为数据构建一个全局的、规范的模式，称为全局模式；其次对每个应用而言，又有其特殊的模式需求，它应是全局模式中的一个局部，称为局部模式。因此，数据共享的数据组织中必须有全局与局部模式。其中全局模式以表示共享数据的统一模式，而局部模式以表示应用的实际模式。

②数据控制。数据共享可为应用带来极大方便，但是共享应是有度的，“过度共享”可引发多种弊病，如安全性弊病、故障性弊病等。因此，共享必须是建立在一定规则的控制下，称为数据控制。从数据角度看，数据控制是一种数据约束。

③独立组织。共享数据不依赖于任何应用，因此其数据组织必须独立于应用，并具有独立、严格的对数据操纵的能力。应用在使用共享数据时必须通过一定的接口，并以多种数据交换方式实现。

④数据的高集成与低冗余。共享数据可以统一组织以达到高度集成，还可以避免私有数据的混乱与高冗余的状况。

（2）海量数据。数量数据对数据组织也是有要求的，海量数据对数据组织的要求是数据必须管理。而管理体现于有专门的机构，一般有两种：一种是专门的软件，称为数据库管理系统；另一种是专门管理数据的人员，称为数据库管理员。

（3）持久性数据。持久性数据对数据组织的要求是数据保护。持久性数据要求数据组织能有长期保存数据的能力，包括抵抗外界破坏能力、抵抗外界干涉能力以及遭遇破坏后的修复能力等数据保护功能。从数据角度看，它也是一种数据约束。海量数据与持久性数据这两者还共同对数据组织要求，即海量、持久的物理存储设备。海量、持久的数据需有海量、持久的物理存储设备支撑。因此，数据库系统的物理存储设备应是具有海量、持久性质的，且具高速、联机的存储器般用磁盘存储器。根据数据库系统的三个特性对其数据组织有七项要求，因此数据库系统作为数据组织应具有六个基本面貌：

①数据模式由全局模式与局部模式两部分组成。

②数据有高集成性与低冗余性。

③是一种独立组织，有严格的数据操纵能力。

④有数据控制与数据保护能力，共同组成数据约束。

⑤有专门的数据库管理系统软件与专门的数据管理人员。

⑥物理级存储设备是磁盘存储器。

这六个数据组织的要求构成了数据库系统的基本面貌。

2. 数据库系统的组成

数据库系统一般由下面四个部分组成：

（1）数据库。数据库是一种共享的数据单元，它有全局模式及局部模式两种形式组织。多个应用可通过多种接口与其进行数据交换，它的物理存储设备是磁盘。数据库中的数据具有高集成性与低冗余性。

（2）数据库管理系统。数据库管理系统是统一管理数据库的软件，其主要功能包括：

①数据模式定义功能。数据库管理系统可以定义数据库中的全局模式与局部模式。

②数据操纵功能。数据库管理系统具有对数据库实施多种操作的能力。

③数据控制与数据保护能力。数据库管理系统具有对数据库中数据实施控制与保护能力。

④数据交换能力。数据库管理系统可以提供应用与数据库间多种数据交换方式。

此外，数据库管理系统还提供多种服务功能。

为使用户能方便使用这些功能，数据库管理系统提供统一的数据库语言，目前常用的语言为 SQL。

（3）数据库管理员。数据库管理员主要管理数据库中高层次需求，他们是一些专业的管理人员，其主要工作是：

①数据库的建立与维护。包括数据模式设计、数据库建立与维护等工作。

②数据控制与保护的管理。包括对数据控制的设置、监督和处理以及数据保护的实施

等。

③数据库运行监视。在数据库运行时监视其运行状况，当出现问题时随时做出调整。

④改善数据库性能。不断调整数据库的物理结构保证数据库的运行效率。

（4）数据库系统。数据库系统是一种数据组织，主要包括：

①数据库数据。

②数据库管理系统：软件（包括数据库语言）。

③数据库管理员：专业人员。

④计算机平台：主要包括计算机硬件、网络及操作系统等。

由这4个部分所组成的以数据库为核心的系统称为数据库系统，有时可简称为数据库。

3.数据库应用系统

数据库系统是为应用服务的，数据库系统与应用的结合组成数据库应用系统。

（1）数据处理。数据库系统的主要应用领域是数据处理。数据处理是以批量数据多种方式处理为特色的计算机应用，其主要工作为数据的加工、转换、分类、统计、计算、存取、传递、采集及发布等。在数据处理中需要海量、共享及持久的数据，因此数据库系统就成为数据处理中的主要工具，而数据处理与数据库系统的有效组合就构成了数据库应用系统。

（2）数据处理环境。在数据处理中，用户使用数据是通过数据库系统实现的，而这种使用是在一定环境下进行的。目前共有以下几种环境：

①单机集中式环境。在数据库系统发展的初期（20世纪60年代至20世纪70年代）以单机集中式环境为主，此时应用与数据处于同一机器内，用户使用数据较为简单方便。

②网络环境。在计算机网络出现后，数据库系统的使用方式有了新的变化，此时应用与数据处于网络不同结点中，用户使用数据较为复杂、困难。

③互联网Web环境。互联网Web环境是互联网中Web站点使用数据的环境。

（3）数据交换方式。数据库系统是一种独立的数据组织，用户访问它时必须有多个访问接口，这种接口可因不同环境而有所不同，它称为数据交换方式。目前一般有五种交换方式，它们是单机集中式环境中的三种方式，网络中的一种方式以与互联网Web中的一种方式。

①人机交互方式。人机交互方式是单机集中式环境中用户（操作员）与数据的交互方式。它是最简单、原始的操作方式，是通过界面操作员直接使用数据库语言与数据库系统做人机对话的方式。它流行于20世纪60年代至20世纪70年代，目前仍经常使用。

②嵌入式方式。嵌入式方式是单机集中式环境中用户为应用程序时与数据的交互方式。此种方式是将数据库语言与外部程序设计语言（如C、C++等）捆绑于一起构成一种新的应用开发方式。在此方式中，外部程序设计语言是主语言，而数据库语言则是其附属部分嵌入于主语言中，因此称为嵌入式方式。它流行于20世纪70年代至20世纪80年代，

目前已趋于淘汰。

③自含式方式。自含式方式是单机集中式环境中用户为应用程序时与数据交互的另一种方式。此种方式也是将数据库语言与外部程序设计语言捆绑于一起，但是在其中以数据库语言为主语言再加以适当扩充，引入传统程序设计语言中的成分（如控制语句、表达式等），因此称为自含式方式。它是目前较为流行的一种方式。

④调用层接口方式。调用层接口方式是在网络环境中应用程序与数据交互的一种方式。在此方式中，将网络一个结点中的应用程序与另一结点中的数据通过一种专用的接口工具连接在一起以实现数据交换。它也是目前较为流行的一种方式。

⑤ Web 方式。Web 方式是在互联网环境下 Web 应用程序与数据交互的一种工作方式，它是目前 Web 页面动态构建的常用方式。在此方式中，Web 服务器中的 HTML（或 XML）程序通过专用接口工具调用数据库服务器中数据。

（4）开发数据库应用系统。在数据处理中开发应用系统需要做两件事，首先是设置数据库系统，其次是根据不同环境采用不同数据交换方式编写应用程序。

①设置数据库系统：a. 构建数据模式并做数据录入，以形成数据库；b. 设置数据控制及约束条件；c. 设置运行参数。

②编制应用程序：a. 在单机集中式环境下，用嵌入式或自含式方式编程；b. 在网络分布式环境下，用调用层接口方式编程；c. 在互联网 Web 环境下，用 Web 方式编程，同时由于互联网也是一种网络，因此也可用调用层接口方式编程。

在经过数据库系统设置及应用程序编制后，一个应用系统就生成了，这种系统称为数据库应用系统。数据库应用系统一般包括已设置的数据库系统、已选定的数据交换方式以及相应的接口工具、应用程序。

数据库应用系统一般也称信息系统，这是目前数据处理领域中最为流行的系统，其典型的为管理信息系统、办公自动化系统、情报检索系统以及财务信息系统等，这些都是数据库应用系统。

二、支撑软件

支撑软件是支撑软件系统的简称，它是近年来发展起来的一类软件系统。在发展初期，它主要是一种用于支撑软件开发、维护与运行以及协助用户方便使用的软件，因此称为支撑软件。随着软件的发展，支撑软件还包括系统内各软件间的接口以及软件、硬件间的接口，它们统称为接口软件。近年来，中间件的出现与发展使得支撑软件的作用大为提升，从而形成了不同于系统软件与应用软件的第三种独立的软件系统。初期的支撑软件主要用于单机集中式环境，随着计算机网络的出现与发展，支撑软件也得到快速发展，特别是在网络分布式环境中的接口软件与中间件已成为其中的必备软件。目前，支撑软件是网络分布式环境中的一种基础软件。

当前，支撑软件分为三类，分别是工具软件、接口软件及中间件。下面分别对其进行介绍。

（一）工具软件

工具软件主要用于辅助软件的开发、监督软件的运行、管理软件操作，此外，在软件产生故障时，工具软件可以辅助诊断与辅助恢复，同时还为用户提供各种使用上的方便。由于这种软件类似于使用工具为人们提供方便一样，因此称为工具软件。

（二）接口软件

由于计算机系统日益庞大，系统内往往会出现多种子系统、多种不同程序、不同数据体以及不同硬件、部件等，它们间须相互衔接，以形成一个统一整体，这时就需要有一种软件起接口作用，称为接口软件。接口软件的形式很多，具体如下：

（1）软件间接口。如不同语言程序间的接口、程序与数据库接口、不同数据库间的接口等。

（2）软件与硬件间的接口。软件与硬件间的接口往往通过接口软件实现，如 AD/DA 转换、显示卡中的图像数据转换、网卡及设备控制卡中的数据信号转换等。

（3）硬件与硬件间的接口。有时硬件与硬件之间可以通过接口软件以实现它们间的接口，如调制解调器中的信号转换接口、广域网中路由转换接口等。

（4）系统间的接口。在一个大系统内各不同小系统间的接口，如网络中（数据库）服务器与客户机中程序间的接口、浏览器与服务器间的接口等。

此外，在一个系统与外部系统间也存在着接口，如电子商务网站与外部银行网络间的接口，它们也可有接口软件相连接。

目前的接口软件已遍布系统内外，成为常见软件。

（三）中间件

中间件是一种独立的服务软件，分布式应用软件借助于它在不同技术间共享资源。中间件一般位于硬件和操作系统之上，管理网络通信及计算资源。早期的中间件起源于接口软件，它是系统内应用软件与系统软件间的一种特殊接口。近年来，由于计算机网络的发展以及计算机系统日益庞大，往往在一个系统内有多种硬件平台与多种系统软件，这为开发应用带来困难，因此需要面向应用建立一个统一的平台。由于该平台处于应用软件与系统软件（及硬件）之间，因此称为中间件。目前，在大型应用（软件）系统中，特别是在网络分布式环境中都有中间件支撑，中间件已成为支撑软件的主要组成部分。

中间件的功能主要如下：

（1）提供跨网络、跨硬件、跨 OS 的跨平台统一服务。

（2）提供标准的协议与接口。

（3）提供统一的协议，为建立互操作框架奠定基础。

（4）统一管理计算资源，支撑分布式计算。

三、应用软件

应用软件系统（也称应用软件）直接面向应用，专门用于解决各类应用问题的软件，此类软件目前是计算机软件中最大量使用的软件，它涉及面广、量大，是计算机应用的主要体现。

（一）应用软件的分类

由于应用软件适用范围广、使用领域宽，它可分为通用应用软件与定制应用软件两类。

(1) 通用应用软件。通用应用软件可以在多个行业与部门共同使用的软件，如文字处理软件、排版软件、多媒体软件、绘图软件、电子表格软件等。

(2) 定制应用软件。定制应用软件是根据不同应用部门的要求而专门设计、开发的软件，它一般仅适用于特定单位而不具备通用性，如指定高校的教务管理系统、特定商场的商品销售系统等。近年来，还出现具有一定通用价值的定制应用软件，而根据特定单位的特定应用需求可对它们进行二次开发，从而形成的软件也称定制应用软件。

（二）应用软件的组成

应用软件一般由三部分五个内容组成:

(1) 应用软件主体。应用软件须有相应的应用程序，它刻画该软件的业务逻辑需求，此外，还须有相应的数据资源以支撑程序的运行，这两者的结合构成了应用软件的主体。

(2) 应用软件的基础软件。为支撑应用软件主体，需要有相应的系统软件（如操作系统、语言处理系统、数据库系统等)、支撑软件等软件作为基础软件，对应用软件起基础性支撑作用。

(3) 界面。应用软件是直接面向用户的，因此必须与用户有一个直接的接口，称它为界面。界面是应用软件必不可少的部分。

第二节　网络计算机软件系统

计算机网络与互联网出现以后，建立在它们之上的软件也迅速出现并蓬勃发展，同时相应的应用软件系统也逐渐代替单机集中式的应用软件系统，目前已成为应用主流。下面主要介绍计算机的网络软件与互联网软件（以下统称网络软件），它包括网络软件的分布式结构、计算机网络的介绍、网络软件中的系统软件、支撑软件以及网络软件中的应用软件等。网络软件是以网络作为支撑的一种软件，它具有软件的全部特性，但它又是网络的延伸，因此它是软件与网络的交叉学科。

一、网络软件的分布式结构

网络软件建立在计算机网络与互联网上，它一般按一定结构方式组成，称为分布式结构。计算机按不同的构建方式可组成不同的分布式结构。目前常用的结构有两种：客户机/服务器（C/S）结构与浏览器/服务器（B/S）结构。

（1）C/S 结构。C/S 结构是建立在计算机网络上的一种分布式结构，这个结构由一个服务器及若干个客户机组成。在 C/S 结构中，常见的是服务器存放共享数据，而客户机则存放用户的应用程序及用户界面等。另有一种 C/S 结构的扩充方式，即将服务器分成数据库服务器及应用服务器两层，其中数据库服务器存放数据，而应用服务器则存放共享的应用程序。

(2)B/S 结构。B/S 结构是建立在互联网上的一种分布式结构，主要用于 Web 应用中。B/S 结构通常由 3 个层次组成，分别是数据库服务器、Web 服务器及浏览器。其中，数据库服务器存储共享数据，Web 服务器存储 Web 及相关应用，浏览器是用户直接操作 Web 的接口部分，它一般可有多个，分别与多个用户相接。同样，也有一种 B/S 结构的扩充，即将 Web 服务器分成应用服务器与 Web 服务器两层，原 Web 服务器中的应用程序改存于应用服务器内，从而构成一个四层的 B/S 结构方式。

目前，计算机网络中大多采用 C/S 结构，而在 Web 应用中则以采用 B/S 结构为主。网络软件的分布式结构为构建网络上的软件系统提供了结构上的基础。

二、网络软件的层次构造

网络软件是建立在计算机网络与互联网上的软件，这种软件可以分为若干个层次。

（一）计算机网络与互联网

计算机网络与互联网(也称计算机网络)是由计算机、数据通信网络及相关协议组成，而在其实现中需要用到软件，特别是协议的实现是需要软件参与的，因此，可以说计算机网络实际上是一种软/硬件的结合，而并非一种纯粹的硬件。

另外，在计算机网络协议中明确地规范了网络软件所应遵循的一些基本规则与约束，如在 TCP/IP 中的应用层有 SMTP 规范了电子邮件使用方法，FTP 规范了远程文件存取使用方法，又如 TCP/IP 中的传输层有 TCP 规范了操作系统进程间通信的方式等。

（二）网络中的系统软件

传统计算机中的系统软件是建立在单机环境下的，但是在网络中的计算机则是建立在网络环境下的，为适应此种环境，必须对系统软件进行一定改造，这就是网络软件中的系

统软件，它包括如下的一些内容:

（1）网络操作系统。系统软件是一种适应在网络上运行的操作系统。

（2）网络环境上的数据库管理系统。系统软件能适应在C/S及B/S结构上运行的数据库管理系统。

（3）网络程序设计语言。系统软件能适应网络环境的程序设计语言，如Java、C#等语言。

（4）网络专用开发工具。系统软件专门用于开发网上应用的软件工具，特别是Web开发工具，如HTML、脚本语言及动态服务器页面等。

网络中系统软件构成网络软件中的第二个层次。

（三）网络中的支撑软件

网络中的支撑软件主要包括网络中的众多工具软件、接口软件以及中间件。

在计算机网络与互联网中，为方便开发网络中应用软件所提供的集中、统一的软件平台称为中间件，由于这种平台是在网络系统软件之上，而又在网络应用软件之下的一种中间层次软件，中间件由此得名。中间件因网络而流行，它目前已成为网络软件中的重要支柱。

支撑软件构成了网络软件中的第三个层次。

（四）网络应用软件

网络应用软件是指能够为网络用户提供各种服务的软件，它用于提供或获取网络上的共享资源，如浏览软件、传输软件、远程登录软件等。

网络应用软件是网络软件中的最上层软件，它构成了网络软件中第四个层次——它也是在网络环境下直接面向用户应用的软件。

目前，网络应用软件最著名的是Web应用。Web是互联网上的共享数据平台，它为互联网用户获取共享的数据提供支撑。

第三节　计算机软件开发中分层技术的应用

一、常见计算机软件开发技术

（一）软件生命周期法

“软件生命周期法适用于大规模复杂系统的开发，应用相对较为广泛。它将软件工程和系统工程理论与计算机系统开发集成为一体，通过结构化、模块化方式开发和设计系统，并坚持客户至上原则。”[①] 软件生命周期法分为多个不同阶段：

第一，可行性分析和计划阶段。软件开发之前，必须基于可行性分析结果，软件开发目标、风险和成本，来制订开发计划。

第二，需求分析阶段。完成软件开发可行性分析后，明晰软件开发需求与开发内容。

第三，概要设计阶段。把所需分析结果转换成具体技术设计方案，包括系统结构、子系统报告设计、数据库模块设计等。

第四，细节设计阶段。细节设计是指基于概要设计的具体细化工作。

第五，实现阶段。你的第四章大概多少页包括编码与单元化测试。

第六，集成与确认测试阶段。集成和确认测试都需要经过仔细设计后才能完成，需要进一步检验软件一致性。

第七，应用与维护阶段。在软件应用过程中必须做好持续维护，以规范软件应用或改进。

（二）形式化法

在计算机软件开发过程中，使用形式化规范语言记述、开发、验证，正确定义软件系统即是形式化法。形式化法包括形式化的说明和验证，形式化说明可以通过计算机技术自动处理以提高需求分析的质量。通过形式化描述，可以显著提高分析质量，降低后续开发和维护成本。

由此可见，形式化法的可靠性和安全性高。

（三）软件重用法

软件重用法是非常关键的软件开发技术之一，通过利用并完善旧有程序，能够有效节省开发成本，从而提升开发效率。软件工程要素包括源程序、设计思路，软件重用法开发形式同样包括两种：

第一，重新利用源代码。对源代码的重复使用是最简单的再利用形式之一，不过因为软件开发日益复杂，源代码已经无法大规模再利用。

第二，设计思路再利用。重用业务建模能够降低由于缺乏领域技能而导致的需求风险。

二、计算机软件开发中的分层技术

（一）分层技术的概念界定

近年来，我国科技水平不断提升，计算机技术也随之快速进步，在很多领域中得到广泛应用。通过计算机技术可以改善人们生活与工作条件，推进社会进步与发展。计算机软

① 荆方，瞿华峰.计算机软件开发中分层技术的实践运用[J].石河子科技，2022（02）：42-44.

件开发中广泛应用分层技术，并在软件开发过程中发挥着重要作用，加上软件应用环境越发复杂，合理应用分层技术具有现实意义。当前计算机软件开发技术已经步入多层结构，运用多层技术可以提高软件使用的灵活性，方便计算机软件开发者开展相关工作。

分层技术具有物理学科与计算机学科的特点，即不同层面上设置不同解决过程，实现不同层次之间的联系，提高软件系统使用性能，确保不同层次之间在设计上的平等。计算机软件各层次之间存在关联性，分层技术可以更好呈现这种关联性，优化软件能力，增加软件的功能性。

（二）分层技术的主要特点

第一，扩展性。开发计算机软件时通过分层技术可以充分展示出计算机软件的优势，根据需求进行优化与升级。软件系统分解处理后，区分软件的各项功能，丰富内部功能，还可以对系统各种功能进行完善，提高软件运行的稳定性。

第二，独立性。开发计算机软件时利用分层技术可以确保软件内部各层次之间的独立性，也就是任何一个层次被破坏，其他层次也不会受到影响，类似物理学上的并联电路。软件各层次会设置独立的接口，以保证接口的稳定性，继而提高软件运行的稳定性。

第三，稳定性。开发计算机软件时利用分层技术可以提高软件开发效率，促进系统升级，增强软件的使用性能。分层技术具有极强的稳定性，实际软件开发时可以提高开发效率，减少开发过程中的难度，提高软件运行质量，保证计算机的稳定运行。

第四，灵活性。开发计算机软件时利用分层技术可以让计算机软件具有更加灵活的特性，通过这种方式对软件设计方案进行优化，提高软件设计的效率与质量，具有更加灵活的特点。软件设计时利用分层技术，将其分成多个独立结构层次，各层次之间相互联系且独立，方便后期维护软件功能。基层分层技术开发的软件，后期软件工程师仅需要优化软件内部相应的结构，降低维护难度，提高软件使用性能。协调不同模块之间的协调性，延长软件的使用寿命。增强计算机与服务器之间的联系，提高计算机软件运行效率，降低后期维护难度，具有推广价值。

三、计算机软件开发中分层技术的应用发展

（一）双层软件开发技术

计算机软件开发时应用双层技术，这是建立在单层技术基础上的的开发技术。当前，软件开发中的双层技术逐渐向着多层技术发展，不断提高计算机软件开发效率，缩短开发时间，具有显著的应用效果。

计算机软件开发运用双层技术时，会从两个端点着手，即服务器与客户端。计算机用户通过客户端使用相应的软件界面，直接分析与处理相应的逻辑关系，将经过处理的信息传送给服务器。服务器在接收到相关信息后利用数据库整理与分析，再将最终结果直接传

送给客户端，切实满足用户的使用需求。软件工程师通过合理利用双层技术，提高软件的运行效率，增加服务器的使用性能。在这个过程中，无论是哪个环节出现缺陷，都不能够达到理想的效果。如果服务器的使用性能不好或者使用的用户数量过多，都会大大增加服务器的工作计算量。这样会造成计算机软件系统在使用过程中出现很多常规错误，影响了软件的整体工作效率和质量。计算时所需要耗费的时间也会增多，进而提升了使用成本，对后续开发工作带来负面影响，甚至会威胁到用户的个人数据安全。

（二）三层软件开发技术

计算机软件开发中的三层技术将双层技术作为基础，将双层技术相关工作原理进行了优化升级，在双层技术的基础上新增了一个端点，而这个端点便是应用服务器端。在加入了这个端点之后，便呈现出界面层、处理层和数据层三者相互依存的新局面。

在整个系统中，各个层次都具有自己的作用，需要各个层次互相协调配合才能够保证正常运行。界面层主要是承担着各项信息的收集工作，在收集到相关信息之后，将其进行梳理分析，并且传递给业务层。业务层在接收到界面层输送的信息之后，会对信息进行深加工处理，使相关信息更加具有价值。数据层在接收到深加工处理的信息之后，会再一次进行梳理分析。完成了以上工作步骤之后，会将数据分析结构按照原路进行反馈，使数据分析结果能够达到界面层。

（三）四层软件开发技术

随着科学技术的快速发展，分层技术也取得了优化发展。四层技术在分析了三层技术的优缺点之后进行了升级改进，增加了储存层，呈现出了四层分层模型。

在这个模型当中，业务处理层占据着整个模型的核心位置。业务层承担着客户信息的收集工作，一般情况下，各种信息的来源都是数据库。业务层在接收相关信息之后便会进行分析处理，探寻具有价值的数据信息。在整理具有价值的信息之后，会将其输送到表现层。表现层是四层分层模型中最为灵活的，它的任务是分析用户提出的操作需求，展开分析处理，选择最佳的数据信息处理方式。除了网络监测手段以外，相关人员还能够运用一些软件直接删除带有病毒的文件，但是当前为了避免误删重要文件，相关技术人员通过运用一定的手段，在找到携带病毒的文件之后通知用户，由用户自行决定是否需要删除。

（四）五层软件开发技术

分层技术随着科学技术的发展不断进步，五层技术的研发充分吸取了双层技术、三层技术以及四层技术的优点，成为目前较为先进的软件开发基础。

五层技术将原有的技术结构进行重新分工，变得更加精细完整。五层技术将四层技术的数据层进行分解，将数据层由原来的一个层次转变为两个层次，即资源层和集成层。在这个情况下，客户层的工作区域会处于客户端，在表现层向服务器提供服务。由于五层技术的资源层是从四层技术的数据层分解而来的，所以资源层的主要任务是收集和存储用户的数据信息。集成层则是属于数据层分解后的另一个分解层次，需要在数据处理的过程中，保障各个层次能够紧密衔接。五层技术与其他分层技术进行比较，可以发现五层技术的整体结构更好，拥有更多的功能。即便处于复杂环境也可以满足用户基本需求。但是就现状而言，五层技术仅在一些特殊领域发挥重要作用，没有实现大范围的普及应用。

（五）中间件软件开发技术

中间件技术属于一项新式技术，这项技术是计算机在特定条件下运作和各类系统间实现信息互补的方式，可以运用中间件技术有效避免出现异构或者分布集成汇总过程中出现的一些难题。将其运用在软件开发上面，能够有效降低开发难度；还能够优化操作系统、运行程序和数据库，大大缩短了研发周期。

此外，软件中间件技术的应用需要综合考虑各方面因素，制订合适的软件开发方案，切实发挥中间件开发技术的优势，进一步提高软件开发质量与效率。

综上所述，随着计算机应用范围增加，面临着越发复杂的运行环境。在这样背景下引入分层技术以提高软件的开发效率、使用性能，需要软件工程师根据实际情况制订合适的分层设计方案，切实发挥分层技术的优势，改善软件使用性能，确保软件研发工作高效开展。

第四章　计算机网络技术的创新发展与应用

第一节　计算机网络技术中人工智能技术及应用

一、计算机网络中的人工智能技术

“随着人工智能技术的日益成熟，其在人们日常的生活和工作中扮演着不可或缺的角色。人工智能技术作为计算机网络技术应用的主要参与者，其既给计算机网络提供了更有价值性的平台，而且也完善了计算机技术的各项功能，使得其能够更好地为广大计算机网络用户提供服务。”在实际工作和生活当中，人工智能技术为人们提供了诸多便利条件，其帮助人们成功摆脱了传统计算机网络工作的局限性，人们可以利用人工智能技术来对模糊信息做出有效处理。除此之外，人工智能技术可以根据网络环境来加强对这类信息的监控，这便在很大程度上提高了人们工作的精准性与实效性。

人工智能技术还发挥着重要的协调作用，人工智能技术在处理和协调管理层之间的关系当中发挥着至关重要的作用，人工智能技术根据实际工作过程可制定出信息约束管理系统，给予了网络系统数据信息资源全方位的监测，这便在很大程度上提升了各个管理层之间的协调性与配合度。与此同时，工作人员还可以通过人工智能技术来对网络环境进行监测和维护，确保环境的稳定性，保证各项工序都可以顺利有序进行。

“互联网＋”时代背景下人工智能技术在社会各个行业中的应用越来越广泛，当前人工智能技术本身还正处于发展和完善的阶段，其自身还存在着诸多问题和不足，但其发展空间还是比较广阔的。在不久的将来，人工智能技术的创新和完善将会为人们的工作和生活提供更多的便利，人们对人工智能技术的依赖性也会越来越强。

二、计算机网络中的人工智能应用

（一）规则产生型专家系统

网络安全威胁问题越来越严峻，社会各个领域对计算机网络安全管控也表示出越来越高的重视程度。针对各类检测系统都需要及时进行更新和维护，进而保证其系统可以安全稳定运行，以便更好地实现网络安全管控目标。对于计算机网络技术而言，融入人工智能技术有着很强的促进功效，其对于构建丰富、健全的数据库，构成规则产生型专家系统至关重要。基于不同的入侵方式、数据挖掘技术以及整合过程的差异性，形成计算机编码，对诸多非法入侵行径做出精准判断和深入分析，大大提高了计算机网络的安全性。针对计算机网络运作情况，持续改进计算机网络系统，进一步判定和分析具体入侵情况，并以此结果来及时更换计算机设施。如果出现系统违法入侵现象，便可对入侵方式做出高效判定，而且还可以对其可能产生的不良影响进行预估和判断，进而做出有效处理，提高入侵情况检测的精准度。

（二）数据挖掘技术

数据信息的挖掘处理对于提高人工智能在计算机网络中的应用效果尤为重要，数据挖掘技术在很大程度上影响着数据信息的存储量和实际运用效果。将数据挖掘技术与计算机网络技术融合在一起使用，严格按照既定的挖掘步骤来对数据资源进行深入挖掘，可有效提高和保障计算机网络的安全性与稳定性。从技术运作机制角度来分析，如果数据信息数量和种类逐步递增，运用数据挖掘技术时，便可借助关键词来深入分析和掌握计算机入侵规律，并对相关入侵数据信息做出及时准确的记录，以方便后续的判断和分析，进而实现提升计算机网络安全性的目的。

以计算机网络系统被入侵为例：将计算机网络技术和人工智能结合到一起，可以有效提高判定与分析非法入侵情况的准确率，并针对被入侵情况构建起相对应的防控体系，如果再次遭遇类似入侵情况，便会及时做出相应警告。此外，应用人工智能技术，还可以实现非法入侵行径的自行识别处理，并且及时记录与整理错误的数据信息，进而全面提升计算机网络系统运行的安全性与稳定性。

（三）人工神经网络

人工神经网络是结合大脑特点来进行的大脑模拟操作，人工神经网络得以实现的重要技术基础便是计算机网络技术，利用计算机网络技术来模拟和实现大脑处理事情的逻辑和方式，将人工智能作用展现得淋漓尽致。同时，人工神经网络也可以充分体现出良好的兼容性优势。近些年，随着人工智能技术的应用范围的不断拓展，计算机网络管控中运用人工神经网络正在逐步转化为现实。

人工神经网络的功能与价值体现在：准确判断与快速辨识各种入侵行径和畸变情况；利用大数据技术实现人工神经网络和安全网络监测系统的紧密融合，大大提高了网络安全性，监测的准确率也因此得到有效保障，这是当前计算机网络安全程度越来越高的重要原因之一。

（四）人工智能问题求解

关于人工智能问题求解，指的是在一些特殊条件下用限定的步数来完成算法。人工智能问题求解可以结合计算机网络状态图来进行搜索，结合相应的逻辑推理技术来全方位构建起整个知识结构。其中，在搜索技术中可以实现对各个空间和状态的全方位检测，并且可以根据各个问题空间的状态，制订出科学合理的技术处理方案来进行有效处理。除此之外，人工智能问题求解技术还可以根据不同空间问题的差异选择不同的搜索方法，最大限度地提高了搜索的效率。

第二节　计算机网络技术中虚拟化技术的特征与应用

在计算机技术领域中，虚拟化技术的合理运用不仅能够有效提升计算机的灵活性，实现动态资源的配置利用，最大化满足市场用户的各项业务需求，还可以实现对海量数据信息的安全控制访问，提高管理人员工作效率，降低企业运营管理成本。因此，现代企业必须加强对计算机虚拟化技术的创新研究应用工作，确保能够充分发挥出该项技术在计算机领域中的安全性、稳定性以及兼容性等优势，推进我国计算机行业稳定发展。

一、计算机网络技术中虚拟化技术的特征

计算机虚拟化技术的特征主要体现在以下三方面:

1. 实现计算机资源的优化配置。由于在一个物理服务器上有效设置了数个网络操作系统，基于多个操作系统安全稳定运行，最大限度发挥出各项资源的价值。

2. 机构模式更为灵活。计算机虚拟化技术的应用促使计算机服务器部署变得更加简化，能够辅助管理人员完成对内部资源的自动化，实现高效管理目标，同时还可以优化计算机系统的基础结构模式。

3. 降低管理成本。与传统计算机技术相比，虚拟化技术的准确规范使用能够实现对海量数据信息的深入处理分析，大大减少管理人员的工作任务量，并且还可以降低计算机能源消耗，帮助企业节省更多的运营管理成本，避免投入过多的人力物力资源。

二、计算机网络技术中虚拟化技术的应用

（一）服务器虚拟化

服务器虚拟化是一种能够在同一台物理服务器中同时运行超过两台虚拟服务器的技术，用户可以结合自身实际需求在各个虚拟服务器中安装对应的专业软件程序，并可以保障不同虚拟服务器之间生成数据信息的相互独立，根据用户要求合理分配虚拟服务器的资源，避免服务器运行过程中频繁出现卡顿现象。服务器虚拟化通常可以划分为以下两种结构:

（1）裸金属架构。裸金属架构是通过将虚拟机监视程序（Virtual Machine Monitor，VMM）合理设置在物理服务器中，相关工作人员无须提前安装其他软件系统。等到 VMM 有效设置后，即可在其上面安装自身需求的其他操作系统。基于该工作状态下，VMM 与计算机融为一体，所以人们将其称之为裸金属结构。随着时间的不断推移和计算机技术的不断创新演变，计算机服务器虚拟化将成为数据中心发展的重要趋势之一。

（2）寄生架构。寄生架构指用户在使用计算机设备时，必须预先安装对应的操作系统，该操作系统将会成为计算机设备的宿主操作系统。如果计算机用户要想科学应用虚拟化技术，就需要在操作系统上有效安装 VMM，同时规范操作 VMM 展开虚拟机的管理。该种后期安装操作模式被人们称为寄生架构。

（二）网络虚拟化

无论在企业经营管理工作中，还是在日常生活学习中，网络虚拟化都发挥出了极为重要的作用。例如，在日常生活中广泛采用的路由器就是一种网络虚拟化的实践应用。即便是用户不在家里，也可以基于网络虚拟化处理实现远程操控，从而大大满足用户对于家庭网络的操控管理需求。网络虚拟化在大型网络管理中的创新应用，可以将其有效划分为不同子网，并且可以保障不同独立子网之间都会存在对应的网络 IP。因此，企业用户即便不安装新设备都可以实现对大型网络的全面高效管控目标，大大节省了运营管理成本。随着 5G 技术研发应用的不断发展，未来网络虚拟化运行质量和效率都会得到显著提升，该项技术会变得越来越成熟，已广泛应用在各个行业领域中。

（三）CPU 虚拟化

将虚拟化技术应用在计算机管理中，促使中央处理器（Central Processing Unit，CPU）虚拟化能够将单个 CPU 有效模拟生成多个独立运行的虚拟 CPU。因此，计算机用户即使在同一台计算机设备上也可以同时运行不同的操作系统，而且这些不同 CPU 可以独立运行，从而大大提升了用户计算机系统的综合运行效率。随着市场上用户对高性能CPU的需求不断增加，越来越多的生产商开始关注CPU虚拟化的研发工作。例如，著名计算机生产商英特尔在其处理器产品设计上，就创新采用了 intel VT 虚拟化技术。

（四）桌面虚拟化

目前，市面上广泛采用的桌面虚拟化涵盖了网络地址变化、桥接运作等内容。以桥接运作为例，其讲求在特定局域网基础上，合理安装虚拟软件完成对虚拟服务器的桥接任务。基于该项技术应用辅助下，传统计算机服务器中的物理内容与抽象内容将会产生较大的变化，数据信息在各发展区域传播中将会呈现出一种分离状态。未来计算机虚拟化技术中的桥接模式将能够完成对多台计算机设备之间的有效连接，并在网络安全码作用下将虚拟化系统延伸应用到不同设备中，帮助计算机用户极大提高自身的工作质量和效率。

第三节　计算机网络技术中云计算的应用与设计

云计算在信息存储场景中，用户向云端中上传本地数据资源，将信息资源在云服务上托管的虚拟服务器中进行存储，用户可根据自身需求实时从云端下载与查阅存储信息，或是执行信息传输、文件编辑、文件删除等操作，其本质上属于一项网上在线存储技术，有着存储资源高效整合、存储效率高、使用功能完善、存储安全的优势，因此云计算技术在计算机网络安全存储领域中展露出广阔应用前景，成为未来存储趋势。

一、计算机网络技术中云计算技术的应用

1. 应用回性证明算法。回性证明算法是云计算技术体系的重要组成部分，具体流程为用户向云端提出挑战，云端在短时间内进行响应，根据响应结果来验证，从而判断归档数据是否处于安全状态，根据验证结果来决定下一步操作。

2. 采取用户端 MC 加密算法。在云计算技术体系中，用户端 MC 加密算法以及云端 RSA 算法均属于 OMC-R 技术应用策略的一部分，在数据文件加密期间，同时在系统中建立数据伪装、伪装标记以及伪装隐藏三个模块，各模块使用功能与特点存在差异性，唯有三个模块之间保持协作关系，方可发挥出应有的数据加密作用，实现网络安全存储的目的。

3. 采取云端 RSA 算法。云端 RSA 算法是针对性加密处理核心隐私数据的一种算法，系统基于运行准则，在用户向云端上传本地数据时，可以自动从中提取出核心隐私数据并进行加密处理，无须对全部数据文件执行加密操作，这在保证用户隐私信息安全的同时，大幅提高了数据上传与存储效率，解决了传统计算机网络安全存储系统中存在的数据量消耗过大的问题。

4. 虚拟机动态迁移。在云计算存储系统中普遍应用到虚拟机动态迁移技术，可以做到在不改变 IP 地址的条件下快速完成数据迁移操作，且迁移操作不会对相关数据文件的完整性造成影响。

二、云计算技术在网络安全存储系统的设计

“计算机网络安全存储中云计算技术应用非常关键，实现云计算与计算机技术的融合应用是现代计算机网络安全储存的新发展。”

（一）云架构设计

（1）严格遵守从实际出发原则，以信息存储系统的使用需求为基准，针对性设计系统功能结构。在系统中同时建立登录注册数据证书生成、系统操作等功能模块，并建立系统数据库，用户在系统操作界面使用各模块功能来下达对应操作指令，执行登录信息输

入、信息注册、本地数据文件上传、文件数据等操作，将信息导入至系统数据库。

(2) 为赋予信息存储系统云收缩特性，应采取星型拓扑结构，基于云端中的各处节点来实现动态化分配操作目标，用户接口与控制中心、控制中心与各处节点、各处节点与用户接口将保持相互连接状态，共同形成闭环体系。如此，在系统运行期间，控制中心既可以向各用户发送请求处理等信息，使控制中心以及客户端端点保持相互通信状态，同时，还可以全面接收用户反馈信息。

（二）云计算服务设计

在云计算服务设计环节，考虑到云计算存储系统有着使用功能完备、数据来源广泛、用户私密数据价值较高的特征，在运行期间易遭受外部恶意入侵，对系统安全系数有着较高要求。因此，必须根据实际使用需求来树立设计思路和制定云服务模块功能结构。依托云计算技术高超的数据分析处理能力，在云服务模块中设计安全风险评估与攻击反演功能，在所统计数据信息基础上准确计算数据存储安全风险系数，预测可能遭受的网络攻击，识别风险源，重演用户遭受攻击时的路径过程。

（三）节点管理模型设计

在云计算存储系统中，所建立节点管理模型起到分配节点、执行初始化操作的作用。从设计角度来看，为充分发挥节点管理模型作用，需要将云中节点数量设定、算法选取作为设计重点，根据系统实际使用需求，合理设定节点数量，避免因总体云中节点数量不足而无法高效执行具体操作和完成用户请求。而节点管理模型中，算法选择合理与否，将直接影响到中心管理资源控制力度、节点分配效果与云端负荷扩展情况。

（四）负载均衡机制设计

负载均衡机制的本质为，在云计算存储系统基础上采取增加吞吐量以及扩展服务器宽带方法，将实时产生的数据流量以及并发访问申请分配至各处节点加以独立处理，或是将重负载运算任务分解为若干小程序，同时由多处节点加以并行处理，再将处理结果汇总后发送至用户，以此来控制用户等待时间，针对性强化系统处理能力。

（五）加密上传设计

在传统信息存储系统中，主要采取数据明文传输方式，在遭受第三方恶意攻击时，容易出现数据信息失窃、被篡改等安全事故，侵害用户合法权益，并造成经济损失与社会负面影响。因此，需要在云计算存储系统中设计加密上传功能，根据系统使用需求，可选择应用数字信封加密、PBF 算法加密等加密技术，对所传输数据进行加密处理，接收者使用口令或是对应密钥对加密文件进行解密处理，从而获取完整的数据文件。

第五章　计算机信息安全与控制研究

第一节　计算机信息安全及技术发展

一、计算机信息安全的基本概念及其受到的威胁与攻击

（一）计算机信息安全及其特征

1. 计算机信息安全的侧重点

信息安全的概念是与时俱进的，过去是通信保密或信息安全，而今天以至于今后是信息保障。信息安全主要涉及信息存储的安全、信息传输的安全以及对网络传输信息内容的审计三方面，它研究计算机系统和通信网络内信息的保护方法。凡是涉及信息的完整性、保密性、真实性、可用性和可控性的相关技术和理论都是信息安全所要研究的领域。

信息安全的具体含义和侧重点会随着观察者角度的变化而变化，具体如下：

（1）从用户（个人用户或者企业用户）的角度来说，他们最为关心的问题是如何保证他们涉及个人隐私或商业利益的数据在传输、交换和存储过程中受到保密性、完整性和真实性的保护，避免其他人（特别是其竞争对手）利用窃听、冒充、篡改和抵赖等手段对其利益和隐私造成损害和侵犯，同时用户也希望他保存在某个网络信息系统中的数据不会受其他非授权用户的访问和破坏。

（2）从网络运行和管理者的角度来说，他们最为关心的问题是如何保护和控制其他人对本地网络信息的访问和读写等操作。比如，避免出现病毒、非法存取、拒绝服务和网络资源非法占用与非法控制等现象，制止和防御网络黑客的攻击。

（3）对安全保密部门和国家行政部门来说，他们最为关心的问题是如何对非法的、有害的或涉及国家机密的信息进行有效过滤和防堵，避免非法泄露秘密敏感的信息被泄密后将会对社会的安定产生危害，对国家造成巨大的经济损失和政治损失。

（4）从社会教育和意识形态角度来说，人们最为关心的问题是如何杜绝和控制网络上不健康的内容。有害的黄色内容会对社会的稳定和人类的发展造成不良影响。

在计算机信息系统中，计算机及其相关的设备、设施（含网络）统称为计算机信息系统的“实体”。实体安全是指为了保证计算机信息系统安全可靠运行，确保计算机信息系统在对信息进行采集、处理、传输、存储过程中，不致受到人为（包括未授权使用计算机资源的人）或自然因素的危害，导致信息丢失、泄露或破坏，而对计算机设备、设施（包括机房建筑、供电、空调等）、环境人员等采取适当的安全措施。

2. 计算机信息安全的特征

计算机信息安全主要有以下特征：

（1）保密性。保密性是信息不被泄露给非授权的用户、实体或过程，或供其利用的特性，即防止信息泄露给非授权个人或实体，信息只为授权用户使用的特性。

（2）完整性。完整性是信息未经授权不能进行改变的特性，即信息在存储或传输过程中保持不被偶然或蓄意地删除、修改、伪造、乱序、重放、插入等破坏和丢失的特性。完整性是一种面向信息的安全性，它要求保持信息的原样，即信息的正确生成、正确存储和传输。完整性与保密性不同，保密性要求信息不被泄露给未授权的人，而完整性计算机网络信息安全与防护策略研究，则要求信息不致受到各种原因的破坏。影响网络信息完整性的主要因素有设备故障、误码、人为攻击及计算机病毒等。

（3）真实性。真实性也称作不可否认性。在信息系统的信息交互过程中，确信参与者的真实同一性，即所有参与者都不可能否认或抵赖曾经完成的操作和承诺。利用信息源证据可以防止发信方不真实地否认已发送信息，利用递交接收证据可以防止收信方事后否认已经接收到信息。

（4）可用性。可用性是信息可被授权实体访问并按需要使用的特性，即信息服务在需要时，允许授权用户或实体使用的特性，或者是信息系统（包括网络）部分受损或需要降级使用时，仍能为授权用户提供有效服务的特性。

（5）可控性。可控性是对信息的传播及内容具有控制能力的特性。即指授权机构可以随时控制信息的机密性。美国政府所提供的“密钥托管”“密钥恢复”等措施就是实现信息安全可控性的例子。

总而言之，计算机信息安全核心是通过计算机、网络、密码技术和安全技术，保护在信息系统及公用网络中传输、交换和存储的信息的完整性、保密性、真实性、可用性和可控性等。

（二）计算机信息系统受到的威胁

由于计算机信息系统是以计算机和数据通信网络为基础的应用管理系统，因而它是一个开放式的互联网络系统，如果不采取安全保密措施，与网络系统连接的任何终端用户都可以进入和访问网络中的资源。目前，计算机信息系统已经在各行各业，包括金融、贸易、商业、企业各个行业部门，甚至日常生活领域中得到广泛的应用。它在给人们带来极大方便的同时，也为那些不法分子利用计算机信息系统进行经济犯罪提供了可能。归纳起

来，计算机信息系统所面临的威胁分为以下三类:

(1)自然灾害。自然灾害主要是指火灾、水灾、风暴、地震等破坏，以及环境(温度、湿度、振动、冲击、污染) 的影响。目前，我们不少计算机房并没有防震、防火、防水、避雷、防电磁泄漏或干扰等措施，接地系统也疏于考虑，抵御自然灾害和意外事故的能力较差。日常工作中因断电而设备损坏、数据丢失的现象时有发生。

(2) 人为或偶然事故。人为或偶然事故可能是由于工作人员的失误操作使得系统出错，使得信息遭到严重破坏或被别人偷窥到机密信息，或者环境因素的忽然变化造成信息丢失或破坏。

(3) 计算机犯罪。计算机犯罪是利用暴力和非暴力形式，故意泄露或破坏系统中的机密信息，以及危害系统实体和信息安全的不法行为。我国对计算机犯罪做了明确定义，即利用计算机技术知识进行犯罪活动并将计算机信息系统作为犯罪对象。

利用计算机犯罪的人，通常利用窃取口令等手段，非法侵入计算机信息系统，利用计算机传播有害信息，或实施贪污、盗窃、诈骗和金融犯罪等活动，甚至恶意破坏计算机系统。

对计算机信息系统来说，以下三方面为犯罪活动攻击:

第一，通信过程中的威胁。计算机信息系统的用户在进行信息通信的过程中，常常受到两方面的攻击: ①主动攻击，攻击者通过网络线路将虚假信息或计算机病毒输入到信息系统内部，破坏信息的真实性与完整性，造成系统无法正常运行，严重的甚至使系统处于瘫痪; ②被动攻击，攻击者非法窃取通信线路中的信息，使信息机密性遭到破坏、信息泄露而无法察觉，给用户带来巨大的损失。

第二，存储过程中的威胁。存储于计算机系统中的信息，易受到与通信线路同样的威胁。非法用户在获取系统访问控制权后，浏览存储介质上的机密数据或专利软件，并且对有价值的信息进行统计分析，推断出所需的数据，这样就使信息的保密性、真实性、完整性遭到破坏。

第三，加工处理中的威胁。计算机信息系统一般都具有对信息进行加工分析的功能。信息在进行处理过程中，通常都是以原码出现，加密保护对处理中的信息不起作用。因此，在此期间有意攻击和意外操作都极易使系统遭受破坏，造成损失。

(4) 计算机病毒。计算机病毒是指编制或者在计算机程序中插入的破坏计算机功能或者毁坏数据，影响计算机使用，并能自我复制的一组计算机指令或者程序代码。计算机病毒无处不存、无时不在，它将自己附在其他程序上，在这些程序运行时进入系统中扩散。一台计算机感染病毒后，轻则系统工作效率下降，部分文件丢失，重则造成系统死机或毁坏，全部数据丢失。

(5) 信息战的严重威胁。所谓信息战，就是为了国家的军事战略而采取行动，取得信息优势，干扰敌方的信息和信息系统，同时保卫自己的信息和信息系统。这种对抗形式的目标，不是集中打击敌方的人员或战斗技术装备，而是集中打击敌方的计算机信息系统，使其神经中枢似的指挥系统瘫痪。

（三）计算机信息系统受到的攻击

1. 威胁和攻击的对象

按被威胁和攻击的对象来划分，可分为两类：一类是对计算机信息系统实体的威胁和攻击；另一类是对信息的威胁和攻击。计算机犯罪和计算机病毒则包括了对计算机系统实体和信息两方面的威胁和攻击。

（1）对实体的威胁和攻击。对实体的威胁和攻击主要指对计算机及其外部设备和网络的威胁及攻击，如各种自然灾害与人为的破坏、设备故障、场地和环境因意的影响、电磁场的干扰或电磁泄漏、战争的破坏、各种媒体的被盗和散失等。信息系统实体受到威胁和攻击，不仅会造成国家财产的重大损失，而且会使信息系统的机密信息严重泄露和破坏。因此，对信息系统实体的保护是防止对信息威胁和攻击的首要一步，也是防止对信息威胁和攻击的天然屏蔽。

（2）对信息的威胁和攻击。对信息的威胁和攻击的后果主要有两种：一种是信息的泄露；另一种是信息的破坏。所谓信息泄露，就是被人偶然或故意地获得（侦收、窃取或分析破译）目标系统中的信息，特别是敏感信息，造成泄露事件。信息破坏是指由于偶然事故或人为破坏，使得系统的信息被修改、删除、添加、伪造或非法复制，造成大量信息的破坏、失真或泄密，使信息的正确性、完整性和可用性受到破坏。

2. 被动攻击和主动攻击

按攻击的方式分，可分为被动攻击和主动攻击两类。

（1）被动攻击。被动攻击是指一切窃密的攻击。它是在不干扰系统正常工作的情况下，进行截获、窃取系统信息，以便破译分析；利用观察信息、控制信息的内容来获得目标系统的设置、身份；通过研究机密信息的长度和传递的频度获得信息的性质。被动攻击不容易被用户察觉出来，因此它的攻击持续性和危害性都很大。

（2）主动攻击。主动攻击是指篡改信息的攻击，它不仅是窃密，而且威胁到信息的完整性和可靠性。它以各种各样的方式，有选择地修改、删除、添加、伪造和复制信息内容，造成信息破坏。

3. 对信息系统攻击的手段

信息系统在运行过程中，往往受到上述各种威胁和攻击，非法者对信息系统的破坏主要采取如下手段：

（1）冒充。冒充是最常见的破坏方式。信息系统的非法用户伪装成合法的用户，对系统进行非法的访问，冒充授权者发送和接收信息，造成信息的泄露与丢失。

（2）篡改。网络中的信息在没有监控的情况下都可能被篡改，即将信息的标签、内容、属性、接收者和始发者进行修改，以取代原信息，造成信息失真。

(3) 窃取。信息盗窃可以有多种途径：在通信线路中，通过电磁辐射侦查截获线路中的信息；在信息存储和信息处理过程中，通过冒充、非法访问，达到窃取信息的目的，等等。

(4) 重放。将窃取的信息重新修改或排序后，在适当的时机重放出来，从而造成信息的重复和混乱。

(5) 推断。这也是在窃取基础之上的一种破坏活动，它的目的不是窃取原信息，而是将窃取到的信息进行统计分析，了解信息流大小的变化、信息交换的频繁程度，再结合其他方面的信息，推断出有价值的内容。

(6) 病毒。几千种的计算机病毒直接威胁着计算机的系统和数据文件，破坏信息系统的正常运行。

总之，对信息系统的攻击手段多种多样。我们必须学会识别这些破坏手段，以便采取技术策略和法律制约两方面的努力，确保信息系统的安全。

二、计算机信息安全体系的结构

如今世界发展步入了信息化时代，网络信息系统在国家的各个领域中得到了普遍应用，人们在生活生产方面充分认识到了计算机网络信息的重要性，很多企业组织加强了对信息的运用。但在计算机网络信息类型增多和人们使用需求提升以及计算机网络系统自身存在的风险，计算机网络信息系统安全管理成为有关人员关注的重点。为了避免计算机用户信息泄露、信息资源的应用浪费、计算机信息系统软硬件故障对信息准确性的不利影响，需要有关人员构建有效的计算机信息安全结构体系，保证计算机网络信息系统运行的安全。

（一）计算机信息系统安全体系的结构

计算机网络信息系统安全是指计算机信息系统结构安全，计算机信息系统有关元素的安全，以及计算机信息系统有关安全技术、安全服务以及安全管理的总和。计算机网络信息系统安全从系统应用和控制角度上看，主要是指信息的存储、处理、传输过程中体现其机密性、完整性、可用性的系统辨识、控制、策略以及过程。

计算机网络信息系统安全管理的目标是实现信息在安全环境中的运行。实现这一目标需要可靠操作技术的支持、相关的操作规范、计算机网络系统、计算机数据系统等。

信息安全涉及的技术面非常广，在规划、设计、评估等一系列重要环节上都需要一个安全体系框架来提供指导。信息系统安全体系结构框架是国家“等级保护制度”技术体系的重要组成部分。在计算机网络技术的不断发展下，基于经典模型的计算机信息安全体系结构不再适用，为了研究解决多个平台计算机网络安全服务和安全机制问题，1989 年提出开放性的计算机信息安全体系结构标准，确定了计算机三维框架网络安全体系结构。

计算机三维框架网络安全体系结构是一个通用的框架，反映信息系统安全需求和体系结构的共性，是从总体上把握信息系统安全技术体系的一个重要认识工具，具有普遍的适用性。信息系统安全体系结构框架的构成要素是安全特性、系统单元及开放系统互联参考模型结构层次。安全特性描述了信息系统的安全服务和安全机制，包括身份鉴定、访问控制、数据保密、数据完整、防止否认、审计管理、可用性和可靠性。采取不同的安全政策或处于不同安全等级的信息系统可有不同的安全特性要求。系统单元描述了信息系统的各组成部分，还包括使用和管理信息系统的物理和行政环境。系统单元可分为四个部分：①信息处理单元，包括端系统和中继系统；②通信网络，包括本地通信网络和远程通信网络；③安全管理，即信息系统管理中与安全有关的活动；④物理环境，即与物理环境和人员有关的安全问题。

（1）信息处理单元，主要考虑计算机系统的安全，通过物理和行政管理的安全机制提供安全的本地用户环境，保护硬件的安全；通过防干扰、防辐射、容错、检错等手段，保护软件的安全；通过用户身份鉴别、访问控制、完整性等机制，保护信息的安全。信息处理单元必须支持安全特性要求的安全配置，支持具有不同安全策略的多个安全域。安全域是用户、信息客体以及安全策略的集合。信息处理单元支持安全域的严格分离、资源管理以及安全域间信息的受控共享和传送。

（2）通信网络安全，为传输中的信息提供保护。通信网络系统安全涉及安全通信协议、密码机制、安全管理应用进程、安全管理信息库、分布式管理系统等内容。通信网络安全确保开放系统通信环境下的通信业务流安全。

(3) 安全管理，包括安全域的设置和管理、安全管理的信息库、安全管理信息通信、安全管理应用程序协议、端系统安全管理、安全服务管理与安全机制管理等。

（4）物理环境与行政管理安全，涉及人员管理、物理环境管理和行政管理，还涉及环境安全服务配置以及系统管理员职责等。

开放系统互联参考模型结构层次：各信息系统单元需要在开放系统互联参考模型的七个不同层次上采取不同的安全服务和安全机制，以满足不同安全需求。安全网络协议使对等的协议层之间建立被保护的物理路径或逻辑路径，每一层次通过接口向上一层提供安全服务。

（二）计算机信息安全体系的特点

（1）保密性和完整性特点。计算机网络信息的重要特征是保密性和完整性，能够保证计算机网络信息应用的安全。保密性主要是指保证计算机网络系统在应用的过程中机密信息不泄露给非法用户。完整性是指计算机信息网络在运营的过程中信息不能被随意篡改。

（2）真实性和可靠性特点。真实性主要是指计算机网络信息用户身份的真实，从而避免信息应用中冒名顶替制造虚假信息现象的出现。可靠性是指计算机信息网络系统在规定的时间内完成指定任务。

(3) 可控性和占有性特点。可控性是指计算机网络信息全系统对网络信息传播和运行的控制能力，能够杜绝不良信息对计算机网络信息系统的影响。占有性是指经过授权的用户拥有享受网络信息服务的权利。

（三）计算机信息安全体系的风险

(1) 物理安全风险。计算机网络信息物理安全风险包含物理层中可能导致计算机网络系统平台内部数据受损的物理因素，主要包括由于自然灾害带来的意外事故造成的计算机系统破坏、电源故障导致的计算机设备损坏和数据丢失、设备失窃带来的计算机数据丢失、电磁辐射带来的计算机信息数据丢失等。

(2) 系统应用安全风险。计算机信息网络系统的应用安全风险包括系统应用层中能够导致系统平台和内部数据损坏的因素，包括用户的非法访问、数据存储安全问题、信息输出问题、系统安全预警机制不完善、审计跟踪问题。

(3) 网络系统安全风险。计算机信息网络系统安全风险包括计算机数据链路层和计算机网络层中能够导致计算机系统平台或者内部数据信息丢失、损坏的因素。网络系统安全风险包括网络信息传输的安全风险、网络边界的安全风险、网络出现的病毒安全风险、黑客攻击安全风险。

（四）计算机信息安全体系结构的构建

1. 计算机信息安全体系结构的模式

计算机信息安全结构是一个动态化概念，具体结构不仅体现在保证计算机信息的完整、安全、真实、保密等，而且还需要有关操作人员在应用的过程中积极转变思维，根据不同的安全保护因素加快构建一个更科学、有效、严谨的综合性计算机信息安全保护屏障，具体的计算机信息安全体系结构模式需要包括以下环节：

(1) 预警。预警机制在计算机信息安全体系结构中具有重要的意义，也是实施网络信息安全体系的重要依据，在对整个计算机网络环境、网络安全进行分析和判断之后为计算机信息系统安全保护体系提供更为精确的预测和评估。

(2) 保护。保护是提升计算机网络安全性能，减少恶意入侵计算机系统的重要防御手段，主要是指经过建立一种机制来对计算机网络系统的安全设置进行检查，及时发展系统自身的漏洞并予以及时弥补。

(3) 检测。检测是及时发现入侵计算机信息系统行为的重要手段，主要是指通过对计算机信息安全系统实施隐蔽技术，从而减少入侵者发现计算机系统防护措施并进行破坏系统的一种主动性反击行为。检测能够为计算机信息安全系统的响应提供有效的时间，在操作应用的过程中减少不必要的损失。检测能够和计算机系统的防火墙进行联动作用，从而形成一个整体性的策略，设立相应的计算机信息系统安全监控中心，及时掌握计算机信息系统的安全运行情况。

（4）响应。如果计算机信息安全体系结构出现入侵行为，需要有关人员对计算机网络进行冻结处理，切断黑客的入侵途径，并做出相应的防入侵措施。

（5）恢复。三维框架网络安全体系结构中的恢复是指在计算机系统遇到黑客入侵威胁之后，对被攻击和损坏的数据进行恢复的过程。恢复的实现需要三维框架网络安全体系结构对计算机网络文件和数据信息资源进行备份处理。

（6）反击。三维框架网络安全体系结构中的反击是技术性能高的一种模块，主要反击行为是标记跟踪，即对黑客进行标记，之后应用侦查系统分析黑客的入侵方式，寻找黑客的地址。

2. 计算机信息安全系统的平台构建

（1）硬件密码处理安全平台。硬件密码处理安全平台的构建面向整个计算机业务网络，具有标准规范的接口，通过该接口能够让整个计算机系统网络所需的身份认证、信息资料保密、信息资料完整、密钥管理等具有相应的规范标准。

（2）网络级安全平台。网络级安全平台需要解决计算机网络信息系统互联、拨号网络用户身份认证、数据传输、信息传输通道的安全保密、网络入侵检测、系统预警等问题。在各个业务进行互联的时候需要应用硬件防火墙实现隔离处理。在计算机网络层需要应用 SVPN 技术建立系统安全虚拟加密隧道，从而保证计算机系统重要信息传输的安全可靠。

（3）应用安全平台。应用安全平台的构建需要从两方面实现：第一，应用计算机网络自身的安全机制进行应用安全平台的构建；第二，应用通用的安全应用平台实现对计算机网络上各种应用系统信息的安全防护。

（4）安全管理平台。安全管理平台能够根据计算机网络自身应用情况采用单独的安全管理中心、多个安全管理中心模式。该平台的主要功能是实现对计算机系统密钥管理、完善计算机系统安全设备的管理配置、加强对计算机系统运行状态的监督控制等。

（5）安全测评认证中心。安全测评认证中心是大型计算机信息网络系统必须要建立的，其主要功能是通过建立完善的网络风险评估分析系统，及时发现计算机网络中可能存在的系统安全漏洞，针对漏洞制订计算机系统安全管理方案、安全策略。

3. 计算机信息安全系统的实施

正确把握安全信息系统的实施思路，是信息安全系统建设单位十分关心的一个问题。

（1）确定安全需求与安全策略。根据用户单位的性质、目标、任务以及存在的安全威胁确定安全需求。安全策略是针对安全需求而制定的计算机信息系统保护政策，该阶段根据不同安全保护级的要求提出了一些原则的、通用的安全策略。各用户单位要规定适合自己情况的完整安全需求和安全策略。例如以下重要的安全需求：

第一，支持多种信息安全策略。计算机信息系统能够区分各种信息类型和用户活动，使之服从不同的安全策略。当用户共享信息及在不同安全策略下操作时，确保不违反安全策略。计算机信息系统必须支持各种安全策略规定的敏感和非敏感的信息处理。

第二，使用开放系统。开放系统是当今发展的主流。在开放系统环境下，必须为支持多种安全等级保护策略的分布信息系统提供安全保障，保护多个主机间分布信息处理和分布信息系统管理的安全。

第三，支持不同安全保护级别。支持不同安全属性的用户使用不同安全保护级别的资源。

第四，使用公共通信系统。使用公共通信系统实现连通性功能是节约通信资源的有效方法，但是必须确保公共通信系统的可用性安全服务。

（2）确定安全服务与安全机制。根据规定的安全策略与安全需求确定安全服务和安全保护机制。不同安全等级的信息系统需要不同的安全服务和安全机制。如某个信息处理系统主要的安全服务确定为：身份鉴别、访问控制、数据保密、数据完整等。为提供安全服务，要确立基本安全保护机制：可信功能、安全标记、事件检测、安全审计跟踪和安全恢复等。此外，还要体现特定安全保护机制：加密机制、数字签名机制、访问控制机制、数据完整性机制、鉴别机制、通信网络业务填充机制、路由控制机制。

（3）建立安全体系结构框架。确定了安全服务和安全机制后，根据信息系统的组成和开放系统互联参考模型，建立具体的安全体系结构模型。信息系统安全体系结构框架确定主要反映在不同功能的安全子系统。

在安全体系结构框架下，遵循有关的信息技术和信息安全标准，并折中考虑安全强度和安全代价，选择相应安全保护等级的技术产品，最终实现安全等级信息系统。信息安全问题的认识处在不断的发展之中，希望对上述三个问题的认识能对同行有所帮助。

4. 计算机信息安全体系结构的实现

（1）计算机信息安全体系结构在攻击中的防护措施。如果计算机网络信息受到了病毒或者非法入侵，计算机信息安全体系结构能够及时阻止病毒或者非法入侵进入电脑系统。三维框架网络安全体系结构在对计算机网络信息系统进行综合分析的过程中，能够对攻击行为进行全面的分析，及时感知计算机系统存在的安全隐患。

（2）计算机信息安全体系结构在攻击之前的防护措施。计算机网络信息支持下各种文件的使用也存在差异，越高使用频率的文件就越容易遭到黑客的攻击。为此，需要在文件被攻击之前做好计算机信息安全防护工作，一般对使用频率较高文件的保护方式是设置防火墙和网络访问权限。同时还可以应用三维框架网络安全体系结构来分析计算机系统应用潜在的威胁因素。

（3）加强对计算机信息网络的安全管理。对计算机信息网络的安全管理是计算机系统数据安全的重要保证，具体须做到两点：①拓展计算机信息网络安全管理范围，针对黑客在计算机数据使用之前对数据进行攻击的情况，有关人员可以在事先做好相应的预防工作，通过对计算机系统的预防管理保证计算机信息技术得到充分应用；②加强对计算机信息网络安全管理力度，具体表现为根据计算机系统，对计算机用户信息情况全面掌握，在判断用户身份的情况下做好加密工作，保证用户数据信息安全。

(4) 实现对入侵检测和计算机数据的加密。入侵检测技术是在防火墙技术基础上发展起来的一种补充性技术，是一种主动防御技术。计算机信息系统入侵检测技术工作包含对用户活动进行分析和监听、对计算机系统自身弱点进行审计、对计算机系统中的异常行为进行辨别分析、对入侵模式进行分析等。入侵检测工作需要按照网络安全要求进行，基于入侵检测是从外部环境入手，很容易受到外来信息的破坏，为此需要有关人员加强对计算机数据的加密处理。

综上所述，在现代科技的发展下，人们对计算机信息安全体系结构提出了更高的要求，需要应用最新技术完善计算机信息安全体系结构，从而有效防止非法用户对计算机信息安全系统的入侵、减少计算机网络信息的泄露、实现对网络用户个人利益的维护，从而保证计算机信息安全系统的有效应用。

三、计算机信息安全技术的发展趋势

（一）人工智能在计算机安全中的创新应用

数据的爆发式增长，深度学习算法优化、计算能力的提升，促使人工智能技术快速发展。人工智能在主动安全防护、主动防御、策略配置方面发挥的作用越来越大，但是当前仍旧处于探索阶段。比如基于神经网络，在入侵检测、识别垃圾邮件、发现蠕虫病毒、侦测和清除僵尸网络设备、发现和阻断未知类型恶意软件执行等方面进行了大量的探索，收到了良好的效果。微软推出了一款基于人工智能的软件安全检测工具，帮助开发者检测新软件中存在的错误与安全漏洞，有效提升了测试软件的自动化和智能化程度。但黑客同时也正在利用人工智能和机器学习为发起攻击提供技术支持，随着网络空间环境的日益复杂，在攻防双方日益激烈的较量中，人工智能与机器学习的关注度将持续上升。网络安全促进人工智能的未来发展，人工智能改变网络安全的未来。

（二）计算机安全防护思路的转变

自适应安全理念推崇应持续地进行恶意事件检测、用户行为分析，及时发现网络和系统中进行的恶意行为，及时修复漏洞、调整安全策略，并对事件进行详尽的调查取证。通过这些获得的知识，指导自己下一次或其他用户的安全评估，实现神奇的“预测”。由此提出的自适应安全框架（ASA）强调构建自适应的防御能力、检测能力、回溯能力和预测能力，通过持续的监控和分析调整各项能力，做到自动调整，相互支撑，闭环处置，动态发展。

(1)“防御能力”是指一系列策略集、产品和服务可以用于防御攻击。这方面的关键目标是通过减少被攻击面来提升攻击门槛，并在受影响前拦截攻击动作。

(2)“检测能力”用于发现那些逃过防御网络的攻击，该方面的关键目标是降低威胁造成的“停摆时间”以及其他潜在的损失。检测能力非常关键，因为企业应该假设自己已处在被攻击状态中。

(3)“回溯能力”用于高效调查和补救被检测分析功能（或外部服务）查出的事务，以提供入侵认证和攻击来源分析，并产生新的预防手段来避免未来事故。

(4)“预测能力”信息安全系统可从外部监控下的黑客行动中学习，以主动锁定对现有系统和信息具有威胁的新型攻击，并对漏洞划定优先级和定位。该情报将反馈到预防和检测功能，从而构成整个处理流程的闭环。

（三）技术驱动安全能力的革新

传统的安全技术在云计算、大数据等技术的驱动下，焕发出勃勃生机。云计算技术让传统的安全能力能够在云上部署，随云迁移；软件定义安全（SDS）使得安全防护能力随需而来，弹性可扩展，极大地提高了灵活性；大数据技术解决了海量信息的快速分析、处理的难题，让我们能够有能力从海量的结构化、非结构化、半结构化数据中找到规律、找到目标；机器学习、深度学习进一步加强大数据技术的分析能力，让结果更准确。

（1）基于全流量的可定制化的安全分析。未来网络安全防御体系将更加看重网络安全的监测和响应能力，充分利用网络全流量、大数据分析及预测技术，大幅提高安全事件监测预警和快速响应能力，应对大量未知安全威胁。网络流量分析解决方案融合了传统的基于规则的检测技术，以及机器学习和其他高级分析技术，它通过监控网络流量、连接和对象，找出恶意的行为迹象，尤其是失陷后的痕迹。通过对原始全流量的数据尽心分析，以大数据分析系统为基础，建安全分析模型，运用机器学习算法驱动机器自学习，让安全分析更智能，分析结果更准确。

（2）基于用户实体行为分析（UEBA）的人员行为管控。人员行为是控制措施，通过基于业务应用的人员行为审计，将对人的安全行为管控形成重要的控制点，是管控好一切安全的源头。

（3）基于威胁情报的新安全服务。威胁情报是基于证据的知识，涉及资产面临的现有或新出现的威胁或危害，可为主体威胁或危害的响应决策提供依据。威胁情报正是网络攻防战场上“知己知彼”的关键。特别是随着各种高级威胁的出现，企业机构在防范外部攻击过程亟须依靠充分、有效的安全威胁情报作为支撑，以做出更好的响应决策。作为高级威胁对抗能力的基石，威胁情报的重要性已经得到各机构管理层和业界的充分重视。情报即服务的业务模式已经存在，企业也可以在受控范围内将自身的安全数据与外部进行共享，实现双赢的局面。

（四）计算机安全管理理念的转变

大数据技术的发展也不断推动安全能力的进化、革新，使得安全能力由被动防护不断向主动检测、主动处置、积极预测发展，不断化被动为主动，实现安全防护能力的持续发展。对于网络攻击，甚至APT攻击（高级可持续威胁攻击），更应该考虑的是如何能够及时、准确发现攻击，及时处理，并及时恢复正常业务，将网络攻击带来的损失降至最低。因为攻击是常态，是持续性的，所以安全相应地必须也是持续的，需要持续的监控和分析能力，以确保安全防护、检测、响应和预测能力的可持续发展。在此，安全能力体现在检测时效和响应时效方面，由此自适应的安全防护框架（ASA）将推动自动化安全发展，智能安全将是未来安全发展的趋势。

技术在不断进步，环境在不断变化，网络安全环境会随着外部网络安全形势而动态变化，安全能力也要做到随需应变，需要在已有安全防护能力的基础上，提升主动检测和持续响应能力，从而提高对各类安全威胁的动态感知能力和处置能力。

第二节　计算机密码学与密钥管理

一、计算机密码学的起源

密码学是研究如何把信息转换成一种隐秘的方式，阻止非授权的人得到它或利用它。密码学是一门古老而又年轻的科学，早在 2 000 多年前埃及人开始使用特别的象形文字来传递保密的信息。“早期密码学的研究体现了数字化人文的思想，这是一种脑力工作结合手工工作的方式，也反映了人文学科和自然科学的异同。”随着时间的推移，巴比伦美索不达米亚和希腊都开始使用一些方法来保护它们的书面信息。但那时的密码技术只能说是一门技巧性很强的艺术，还不是一门科学。1949 年，克劳德 · 艾尔伍德 · 香农（Claude Elwood Shannon）发表了《保密系统的信息理论》一文，为密码技术奠定了坚实的理论基础，使其发展成为一门科学。

密码学理论上的发展为它的应用奠定了基础。随着计算机技术的发展和网络技术的普及，密码学在军事、商业和其他领域的应用越来越广泛。在保密通信中，密码学一如既往地发挥着作用，而公钥密码的快速发展，使密码技术有了新的用途。在信息处理过程中，它被有效地用于数字签名和消息认证。

对系统中的消息而言，密码技术主要在以下方面保证其安全性：

第一，保密性：信息不能被未经授权的人阅读，主要的手段就是加密和解密。

第二，数据的完整性：在信息的传输过程中确认未被篡改，如散列函数就可用来检测数据是否被修改过。

第三，不可否认性：防止发送方和接收方否认曾发送或接收过某条消息，这在商业应用中尤其重要。

二、计算机密码学的技术分析

信息是以文字、图像、声音等作为载体而传播的。人们把负载着信息的载体通过录入、扫描或采样变成了电信号，然后可以被量化成为数字信号。例如，一张照片用扫描仪可以输入到计算机里，在计算机屏幕上看到的是图像，而在内存里，这幅图像是一串由“0”和“1”组成的数字。

在当前的状况下，可以呈现信息的数字信号叫作明文。例如一幅图像的数字信号是能够用图像软件直接显示在屏幕上的，因此它是明文。如果现在想用电子邮件把这幅图像发送给在远方的朋友，但是又不希望任何第三个人看到它，那么可以把图像的明文加密，也就是用某种算法把明文的一串数字变成另外一种样子的数字串，叫作密文。朋友在得到图像的密文之后，需要用相关的算法重新把密文恢复成明文，这个过程叫作脱密。当然，某个截获了密文却看不到图像的人，想要破解秘密，叫作解密。不过人们经常把脱密也叫解密，而不加以区别。

如果把明文加密成密文之后还不放心，还想用另外一种加密的方法把刚才的密文再加一次密，那么，在做第二层加密的时候，第一层加密输出的密文就当成了第二层加密输入的明文。可见，明文和密文是相对于加密的输入和输出而言的。

在把明文转变成密文的过程中，所使用的计算方法叫作加密算法，同样一种结构的算法，如果使用的参数不同，那么结果将会大相径庭。例如，同样是属于幂函数，做 2 次幂和做 3 次幂是不一样的，更不用说做 1 000 次幂了。加密算法中所使用的那个参数对于加密是至关重要的，它相当于一把钥匙，叫作加密密钥。同样，在把密文转变成明文时，所使用的计算方法叫作脱密算法，其参数叫作脱密密钥。有时在做多层加密时，并不是把上一层加密后得到的密文再来加一层密，而是把上一层加密用的密钥作为明文来加一层密，这样做十分便利。

如果加密密钥与脱密密钥是一样的或者由脱密密钥很容易导出加密密钥，那么就把这类密钥叫作对称密钥。而如果由脱密密钥很难推导出加密密钥，就把这类密钥叫作非对称密钥。如果把非对称密钥的脱密密钥公布于众，而自己只保守加密密钥，那么就把这种加密系统叫作公开密钥系统，简称公钥系统。公钥系统在网络化的现代电子商务中有广泛的用途。在网络传输过程中，信息存在被非法窃听的危险，因此对信息进行加密是网络安全的基本技术。

按不同的标准密码技术有很多种分类。按照执行的操作方式不同，可以分为替换密码和换位密码；根据密钥的特点，又可以分为对称密码和非对称密码。若采用的加密密钥和解密密钥相同或者实际上等同，即从一个易于得出另一个，称为单钥密码或对称密码体制。若加密密钥和解密密钥不相同，从一个难以推出另一个，则称双钥密码、公钥密码体制、非对称密码体制，其中的加密密钥可以公开，所以称为公开密钥，简称公钥。解密密钥必须保密，称为私人密钥，简称私钥。按照对明文消息的加密方式不同，又有两种方式：一是对明文消息按字符逐位地加密，称为流密码或序列密码；另一种是将明文消息分组（含有多个字符），逐组地进行加密，称为分组密码。

通常情况下，网络中的加密采用对称密码和非对称密码体制结合的混合加密体制，也就是加密和解密采用对称密码体制，密钥的传送采用非对称密码体制。这种方法的优点是既简化了密钥管理，又改善了加密和解密速度慢的问题。

三、计算机密码体制

（一）对称密钥

对称密码体制也称单密钥体制、共享密码算法或私钥密码体制，其特点是加密和解密所用的密钥是一样的或相互可以导出。采用对称密钥体制的加密算法有：DES 算法、3DES 算法、TDEA 算法、Blowfish 算法、RC 算法、IDEA 算法和 AES 算法等。对称密钥体制可看成保险柜，密钥就是保险柜的号码。持有号码的人就能打开保险柜取出文件，没有保险柜号码的人就必须摸索保险柜的打开方法。当用户应用这种体制时，数据的发送者和接收者必须事先通过安全渠道交换密钥，以保证发送数据和接收数据能够使用有效的密钥。对称密钥体制的优点是加密数据效率高、速度快，故对称密钥非常适合于大量数据加密或实时加密（如文件加密或实时数据加密）。

（1）联邦数据加密 DES 算法。DES（Data Encryption Standard）算法，它使用 56 位密钥对 64 位的数据块进行加密，并对 64 位的数据进行 16 轮编码，在每轮编码时都采用不同的子密钥，子密钥长度均为 48 位，由 56 位的完整密钥得出，最终得到 64 位的密文。由于 DES 算法密钥较短，可以通过穷举（也称为野蛮攻击）的方法在较短时间内破解。

（2）三重 DES。三重 DES（Triple-DES）方法是 DES 的改进算法，它使用两把密钥对报文做三次 DES 加密，效果相当于将 DES 密钥长度加倍了，克服了 DES 密钥长度较短的缺点。

（3）欧洲加密算法（IDEA）。IDEA 密钥长度为 128 位，数据块长度为 64 位，IDEA 算法也是一种数据块加密算法，它设计了一系列的加密轮次，每轮加密都使用从完整的加密密钥生成一个子密钥。IDEA 属于强加密算法，至今还没有出现对 IDEA 进行有效攻击的算法。

（4）高级加密标准（AES）。AES 支持 128 位、192 位和 256 位三种密钥长度。AES 规定：块长度必须是 128 位，密钥长度必须是 128 位、192 位或者 256 位。与 DES 一样，它也使用替换和换位操作，并且也使用多轮迭代的策略，具体的迭代轮数取决于密钥的长度和块的长度。该算法的设计提高了安全性，也提高了速度。

（5）RC 序列算法。RC（Rivest Cipher）算法有 6 个版本，其中 RC1 从未被公开，RC3 在设计过程中便被破解，因此真正得到实际应用的只有 RC2、RC4、RC5 和 RC6，其中最常用的是 RC4。RC4 算法是另一种变长密钥的流加密算法。密钥长度介于 1 ～ 2 048 位，但由于美国出口限制，故向外出口时密钥长度一般为 40 位。RC4 算法其实非常简单，就是 256 以内的加法、置换和异或运算。由于简单，所以速度快，加密的速度可达到 DES 算法的 10 倍。

（二）公钥密码

传统的对称加密系统要求通信双方共同保守一个密钥的秘密，这在网络化的电子商务中将会遇到很大的困难。例如，同 10 个人做交易，就要持有 10 个不同的密钥来分别与他们通信。如果网络上有 1 000 个人要互相通信，那么这个网络所需要的密钥的数目是 499 500 个。如果网络上有 10 000 人互相通信，密钥数目将为 49 995 000 个。所需要的密钥的总数是与通信的人数的平方成正比增长的。在互联网上，这将成为一个沉重的负担。密钥的安全传递更是一个严峻的问题。

解决在网络上安全传递密钥的途径是对密钥进行加密。对密钥进行加密的方法不能总是在传统加密体制内进行。古典的加密方法要求对加密的算法本身严加保护。传统的加密方法把加密算法公之于世，而只要求对密钥加以保护。使用传统的方法，加密和解密用的是同一个密钥或者是很容易互相导出的密钥。而现在，加密使用的是一个密钥，解密使的是另一个密钥，只有解密的人才知晓。

公钥密码体制又称非对称加密体制，即创建两个密钥，一个作为公钥，另外一个作为私钥由密钥拥有人保管，公钥和加密算法可以公开。用公钥加密的数据只有私钥才能解开，同样，用私钥加密的数据也只能用公钥才能解开。从其中一个密钥不能导出另外一个密钥，使用选择明文攻击不能破解出加密密钥。与对称密码体制相比，公钥密码体制有以下优点：

第一，密钥分发方便。可以用公开方式分配加密密钥。例如，因特网中的个人安全通信常将自己的公钥公布在网页中，方便其他人用它进行安全加密。

第二，密钥保管量少。网络中的数据发送方可以共享一个公开加密密钥，从而减少密钥数量。只要接收方的解密密钥保密，数据的安全性就能实现。

第三，支持数字签名。发送方可使用自己的私钥加密数据，接收方能用发送方的公钥解密，说明数据确实是发送方发送的。由于非对称加密算法处理大量数据的耗时较长，一般不适于大文件的加密，更不适于实时的数据流加密。

四、计算机密钥管理

密钥是一个密码系统中非常重要的部分，在采用密码技术的现代通信系统中，其安全性主要取决于密钥的保护，而不是对算法本身或硬件的保护。密码算法可以公开，密码设备可能丢失，但是这都不影响密码算法在其他系统中的使用，因为安全性只依赖于密钥。然而，一旦密钥丢失或出错，虽然合法用户不能提取信息，但非法用户却可以窃取信息。因此，产生密钥算法的强度、密钥长度以及密钥的保密和安全管理在保证数据系统安全中极为重要。

密钥管理是指处理密钥自产生到最终销毁的整个过程中的有关问题，包括系统的初始化，密钥的产生、存储、备份 / 恢复、装入、分配、保护、更新、控制、丢失、吊销和销毁。密钥管理是信息安全的核心技术之一，主要包括以下技术：

1. 适用于封闭网的技术，以传统的密钥分发中心为代表的密钥管理基础结构（Key Management Infrastructure，KMI）机制。KMI 技术假定有一个密钥分发中心来负责发放密钥。这种结构经历了从静态分发到动态分发的发展历程，目前仍然是密钥管理的主要手段。无论是静态分发还是动态分发，都是基于秘密的物理通道进行的。

2. 适用于开放网的公钥基础结构（Public Key Infrastructure，PKI）机制。PKI 技术是运用公钥的概念和技术来提供安全服务的、普遍适用的网络安全基础设施，包括由 PKI 策略、软硬件系统、认证中心、注册机构、证书签发系统和 PKI 应用等构成的安全体系。

3. 适用于规模化专用网的种子化公钥（Seeded Pulic Key，SPK）和种子化双钥（Seeded Double Key，SDK）技术。公钥和双钥的算法体制相同，在公钥体制中，密钥的一方要保密，而另一方则公布；在双钥体制中则将两个密钥都作为秘密变量。在 PKI 体制中，只能用公钥，不能用密钥。在 SPK 体制中两者都可以实现。

（一）对称密钥的分配

对于对称加密，加密双方必须共享同一密钥，而且必须保护密钥不被他人读取。此外，常常需要频繁地改变密钥来减少某个攻击者可能知道密钥带来的数据泄露。因此，任何密码系统的强度取决于密钥分发技术。密钥分发技术这个词指的是传递密钥给希望交换数据的双方，且不允许其他人看见密钥的方法。

密钥分发能用很多种方法实现，对 A 和 B 两方来说，有下列选择：

（1）A 能够选定密钥并通过物理方法传递给 B。

（2）第三方可以选定密钥并通过物理方法传递给 A 和 B。

（3）如果 A 和 B 不久之前使用过一个密钥，一方能够把使用旧密钥加密的新密钥传递给另一方。

（4）如果 A 和 B 各自有一个到达第三方 C 的加密链路，C 能够在加密链路上传递密钥给 A 和 B。

第（1）（2）种选择要求手动传递密钥。对于链路层加密，这是合理的要求，因为每一个链路层加密设备只与此链路另一端交换数据。但是，对于端对端加密，手动传递是笨拙的。在分布式系统中任何给出的主机或者终端都可能需要不断地和许多其他主机和终端交换数据。因此，每个设备都需要供应大量的动态密钥。在大范围的分布式系统中这个问题就更加困难。

第（3）种选择对链路层加密和端对端加密都是可能的，但是如果攻击者成功地获得一个密钥，那么接下来的所有密钥都暴露了。就算频繁更改链路层加密密钥，这些更改也应该手动完成。为端到端加密提供密钥，第（4）种选择更可取。

对第（4）种选择，需用到两种类型的密钥：①会话密钥：当两个端系统希望通信，它们建立一条逻辑连接。在逻辑连接持续过程中，所用用户数据都使用一个一次性的会话密钥加密。在会话或连接结束时，会话密钥被销毁。②永久密钥：永久密钥在实体之间用于分发会话密钥的目的。第（4）种选择需要一个密钥分发中心。密钥分发中心判断哪些系统允许相互通信。当两个系统被允许建立连接时，密钥分发中心就为这条连接提供一个一次性会话密钥。

一般情况下，密钥分发中心的操作过程包括：①当一个主机A期望与另外一个主机建立连接时，它传送一个连接请求包给密钥分发中心，主机A和密钥分发中心之间的通信使用一个只有此主机A和密钥分发中心共享的主密钥机密；②如果密钥分发中心同意建立连接请求，则它产生一个唯一的一次性会话密钥，它用主机A与之共享的永久密钥加密这个会话密钥，并把加密后的结果发送给主机；③A和B现在可以建立一个逻辑连接并交换信息和数据了，其中所有的消息或数据都使用临时性会话密钥加密。这个自动密钥分发方法提供了允许大量终端用户访问大量主机以及主机间交换数据所需要的灵活性和动态特性。

（二）公钥加密分配

公钥加密的一个重要作用就是处理密钥的分发问题。在这方面，使用公钥加密实际上存在以下不同的方面：

1. 公钥证书获取

从字面理解，公钥加密的意思就是公钥是公开的。所以，如果有某种广泛接受的公钥算法，任何参与者都可以给其他参与者发送他的密钥，或向群体广播自己的密钥。虽然这种方法非常方便，但是它也有个很大的缺点：任何人都可以伪造公共通告，即某用户可以伪装成用户A向其他参与者发送公钥或广播公钥。直到一段时间后用户A发觉了伪造并且警告其他参与者，伪造者在此之前都可以读到试图发送给A的加密消息，并使用假的公钥进行认证解决这个问题的方法就是使用公钥证书。实际上，公钥证书由公钥加上公钥所有者的用户地址以及可信的第三方签名的整个数据块组成。通常，第三方就是用户团体所信任的认证中心。用户可通过安全渠道把他的公钥提交给这个认证中心，获取证书。然后用户就可以发布这个证书。任何需要该用户公钥的人都可以获取这个证书，并且通过所附的可信签名验证其有效性。

2. 密钥分发流程

使用传统加密时，双方能够安全通信的基本要求就是他们能共享密钥。例如，Bob想建立一个消息申请，使他能够与对方安全地交换电子邮件，这里的“对方”是指能够访问因特网或者与Bob共享其他网络的人。假定Bob要用传统密码来做这件事，Bob和他的通信者（Alice）必须构建一个通道来共享任何其他人都不知道的唯一密钥。如果Alice在Bob的隔壁房间里，Bob可以生成密钥，把它写在纸上或存储在磁盘上，然后交给Alice。但是如果Alice在欧洲或世界的另一边，Bob可以用传统的加密方法加密密钥，并且将它以电子邮件方式发送给Alice。但是这意味着Bob和Alice必须共享一个密钥来加密这个新的密钥。

此外，Bob和任何其他使用这种新电子邮件包的人都与他们的潜在通信者之间面临着相同的问题：任何一对通信者之间都必须共享一个唯一的密钥。这个问题的一种解决方案就是使用Diffier-Hellman密钥交换。该方法的确在广泛使用。然而这种方案也有它的缺点，比如最简单形式的Diffier-Hellman不能为两个通信者提供认证。

一种很好的替代方法就是使用公钥证书。当Bob想要与Alice通信时，可按步骤操作：①准备消息；②利用一次性传统会话密钥，使用传统加密方法加密消息；③利用Alice的公钥，使用公钥加密的方法加密会话密钥；④把加密的会话密钥附在消息上，并且把它发送给Alice。只有Alice能够解密会话密钥进而恢复原始消息。如果Bob通过Alice的公钥证书获得Alice的公钥，则Bob能够确定它是有效的密钥。

第三节　计算机身份认证与访问控制

一、计算机身份认证

认证，又称鉴别，是对用户身份或报文来源及内容的验证，以保证信息的真实性和完整性。认证技术的共性是对某些参数的有效性进行检验，即检查这些参数是否满足某种预先确定的关系。密码学通常能为认证技术提供一种良好的安全认证，目前的认证方法绝大部分是以密码学为基础的。

（一）报文认证

信息的保密与信息的认证是有区别的。加密保护只能防止被动攻击，而认证保护可以防止主动攻击。被动攻击的主要方法是截获信息，主动攻击的最大特点是对信息进行有意的修改，使其失去原来的意义。

认证包括两类：一是验证网络上发送的数据（如一个消息）的来源及其完整性，即对通信内容的鉴别，称为报文认证或者消息认证；二是指在用户开始使用系统时，系统对其身份进行的确认，即对通信对象的鉴别，称为身份认证。

报文认证是指在两个通信者之间建立通信联系之后，每个通信者对收到的信息进行验证，以保证所收到信息的真实性。一般情况下，这种验证过程必须确定三项内容：①报文是由确认的发送方产生的；②报文内容没有被修改过；③报文是否按与发送时间相同的顺序收到的。因此，报文认证通常可以分为报文源的认证、报文内容的认证和报文时间性的认证。

(1) 报文源的认证。报文源（发送方）的认证用于确认报文发送者的身份，可以采用多种方法实现，一般都以密码学为基础。例如，可以通过附加在报文中的加密密文来实现报文源的认证，这些加密密文是通信双方事先约定好的各自使用的通行字的加密数据，或者发送方利用自己的私钥（只有发送方自己拥有）加密报文，然后将密文（只有发送方利用其私钥才能产生的）发送给接收方，接收方利用发送方的公钥进行解密来鉴别发送方的身份，这就是数字签名的原理。

(2) 报文内容的认证。报文内容的认证目的是保证通信内容没有被篡改，即保证数据的完整性，通过认证码（AC）实现。这个认证码是通过对报文进行的某种运算得到的，也可以称其为“校验和”，它与报文内容密切相关，报文内容正确与否可以通过这个认证码来确定。认证的一般过程为：发送方计算出报文的认证码，并将其作为报文内容的一部分与报文一起传送至接收方。接收方在检验时，首先利用约定的算法对报文进行计算，得到一个认证码，并与收到的发送方计算的认证码进行比较。如果相等，就认为该报文内容是正确的，否则，就认为该报文在传送过程中已被改动过，接收方可以拒绝接收或报警。

(3) 报文时间性的认证。报文时间性认证的目的是验证报文时间和顺序的正确性，需要确保收到的报文和发送时的报文顺序一致，并且收到的报文不是重复的报文，可通过三种方法实现：①利用时间戳；②对报文进行编号；③使用预先给定的一次性通行字表，即每个报文使用一个预先确定且有序的通行字标识符来标识其顺序。

（二）身份认证协议

身份认证是建立安全通信环境的前提条件，只有通信双方相互确认对方身份后才能通过加密等手段建立安全信道，同时它也是授权访问（基于身份的访问控制）和审计记录等服务的基础，因此身份认证在网络信息安全中占据着十分重要的位置。这些协议在解决分布式，尤其是解决开放环境中的信息安全问题时起到非常重要的作用。

通信双方实现消息认证方法时，必须有某种约定或规则，这种约定的规范形式叫作协议。身份认证分为单向认证和双向认证。如果通信的双方需要一方被另一方鉴别身份，这样的认证过程就是一种单向认证。如果通信的双方需要互相认证对方的身份，即为双向认证。据此，认证协议主要可以分为单向认证协议和双向认证协议。

1. 单向认证协议

当不需要收发双方同时在线联系时，只需要单向认证，如电子邮件 E-Mail。一方在向对方证明自己身份的同时，即可发送数据；另一方收到后，首先验证发送方的身份，如果身份有效，就可以接收数据。

用公钥加密方法时，A 向 B 发送 E_{KUB}（M）可以保证消息的保密性，发送 E_{KRA}（M）可以保证消息的真实性，若要同时提供保密、认证和签名功能，则需要向 B 发送 $E_{KUB}[E_{KRA}$（M）]，这样双方都需要使用两次公钥算法。其实，如果只侧重消息的保密性，配合使用公钥和对称密钥则更加有效。

2. 双向认证协议

双向认证协议是最常用的协议，它使得通信双方互相认证对方的身份，适用于通信双方同时在线的情况，即通信双方彼此互不信任时，需要进行双向认证。双向认证需要解决两个主要问题，即保密性和即时性。为防止可能的重放攻击，需要保证通信的即时性。

（1）基于对称密码的双向认证协议。用对称加密方法时，往往需要有一个可以信赖的密钥分配中心（KDC），负责产生通信双方（假定 A 和 B 通信）短期使用的会话密钥。协议过程如下：

第一步：A 产生临时交互号 N_A，并将其与 A 的标识 ID_A 以明文形式发送给 B。该临时交互号和会话密钥等一起加密后返回给 A，以使 A 确认消息的即时性。

第二步：B 发送给 KDC 的内容包括 B 的标识 ID_B、临时交互号 N_B 以及用 B 和 KDC 共享的密钥加密后的信息。临时交互号将和会话密钥等一起加密后返回给 B，使 B 确信消息的即时性；加密信息用于请求 KDC 给 A 发放证书，因此它制定了证书接收方、证书的有效期和收到的 A 的临时交互号。

第三步：KDC 将 B 的临时交互号、用与 B 共享的密钥 K_B 加密后的信息（用作 A 进行后续认证的一张“证明书”），以及用与 A 共享的密钥加密后的信息（ID_B 用来验证 B 曾收到过 A 最初发出的消息，并且 N_A 可说明该消息是及时的而非重放的消息）发送给 A。A 可以从中得到会话密钥 K_s 及其使用时限 T_b。

第四步：A将证书和用会话密钥加密的N_B发送给B。B可以由该证书求得解密EKS(N_B)的密钥，从而得到 N_B。用会话密钥对 B 的临时交互号加密可保证消息是来自 A 的而非重放消息。

注意，这里的 T_B 是相对于 B 时钟的时间，因为 B 只校验自身产生的时间戳，所以不要求时钟同步。

如果发送者的时钟比接收者的时钟要快，攻击者就可以从发送者处窃听消息，并等待时间戳，在对接收者来说成为当前时刻时重放给接收者，这种重放将会得到意想不到的后果。这类攻击称为抑制重放攻击。

（2）基于公钥密码的双向认证协议。在使用公钥加密方法时，一个避免时钟同步问题的修改协议如下：

第一步：A 先告诉 KDC 他想与 B 建立安全连接。

第二步：KDC 将 B 的公钥证书的副本传给 A。

第三步：A 通过 B 的公钥告诉 B 想与之通信，同时将临时交互号发给 B。

第四步：B 向 KDC 索要会话密钥和 A 的公钥证书，由于 B 发送的消息中含有 A 的临时交互号，所以 KDC 可以用该临时交互号对会话密钥加戳，其中临时交互号受 KDC 的公钥保护。

第五步：KDC 将 A 的公钥证书的副本和消息（N_A，K_s，ID_B）一起返回给 B，前者经过 KDC 私钥加密，证明 KDC 已经验证了 A 的身份；后者经过 KDC 的私钥和 B 的公钥的双重加密，K_s 和 N_A 使 A 确信 K_s 是新的会话密钥，E_{KRauth} 的使用使得 B 可以验证该信息确实来自KDC。

第六步:B用A的公钥将B的临时交互号和E_{KRauth}（N_A, K_s, ID_A, ID_B）加密后传给A。

第七步：A用会话密钥K_s对N_B加密传给B，使B确信A已知会话密钥。

（三）基于口令的身份认证技术

基于口令（Password）的认证方法是传统的认证机制，主要用于用户对远程计算机系统的访问，确定用户是否拥有使用该系统或系统中的服务的合法权限。由于使用口令的方法简单，容易记忆，因此成为广泛采用的一种认证技术。基于口令的身份认证一般是单向认证。

目前，口令认证的安全性问题包括口令泄露、口令截获、口令猜测攻击等，因此，要保证口令认证的安全需要实现口令存储、设置、传输和使用上的安全。

1. 威胁和对策

(1) 外部泄露。外部泄露是指由于用户或系统管理的疏忽，使口令直接泄露给了非授权者。在实际中，用户常将口令写（或存储）在不安全的地方，而口令的发放机构也可能将用户信息保存在不安全的文件或系统中。预防泄露口令的对策主要包括：增强用户的安全意识，要求用户定期更换口令；建立有效的口令管理系统，原则上在管理系统中不保存用户口令，甚至超级管理员也不知道用户口令，但仍然可以验证口令。我们以下将看到，使用单向函数可以帮助实现这个功能，此时系统仅存储了口令的单向函数输出值。

(2) 口令猜测。在这些种情况下，口令容易被猜测：①口令的字符组成规律性较强，如与用户的姓名、生日或电话号码等相关；②口令长度较短，如不足8位字符；③用户在安装操作系统的时候，系统帮助用户预设了一个口令。防范口令猜测的对策主要包括：规劝或强制用户使用好的口令，甚至提供软件或设备帮助生成好的口令。限制从一个终端接入进行口令认证失败的次数。为阻止攻击者利用计算机自动进行猜测，系统应该加入一些延迟环节，如请用户识别并输入一个在图像中的手写体文字。还可以限制预设口令的使用。

(3) 线路窃听。攻击者可能在网络或通信线路上截获口令。因此，口令不能直接在网络或通信线路上传输。当前，在网络上用户需要用口令登录大量的系统，后者一般采用单向公钥认证后建立加密连接的方法保护口令，由服务器将公钥证书传递给登录用户，双方基于服务器公钥协商加密密钥，建立加密连接，最后再允许用户输入口令。

(4) 重放攻击。攻击者可以截获合法用户通信的全部数据，以后可能冒充通信的一方与另一方联系。为了防范重放攻击，验证方需要能够判断发来的数据以前是否收到过，这往往通过使用一个非重复值（NRV）实现，它可以是时间戳或随机生成的数。

(5) 对验证方的攻击。口令验证方存储了口令的基本信息，攻击者可能通过侵入系统获得这些信息。若是口令存储在验证方，则口令直接泄露。若验证方仅存储了口令的单向函数输出值，也为验证方的攻击者猜测口令提供了判断依据。这时常用的口令猜测方法被称为搜索法或暴力破解法，它利用一些字库或词典生成并验证口令，生成的口令满足一般用户创建口令的习惯。以上情况说明验证方必须妥善保管账户信息。

2. 挑战一响应技术

为了解决难以管理 NRV 的问题，出现了一次口令技术，即验证者和生成者能够同步地各自生成一个临时有效的 NRV。由于它参与到对口令的认证中，重放攻击因不能生成当前的 NRV 而失效。例如，若双方主机进行了时间上的同步，可以利用当前时间生成的数据（称为时间戳）作为这个 NRV。但是，维持双方的同步在很多情况下是困难的。

挑战一响应口令方案由验证者向生成者发送一个类似 NRV 的询问消息，只有收到询问消息和掌握正确口令的一方才能通过认证。

挑战一响应技术以一种更安全的方式验证另一方知道的某个数据，是在网络安全协议设计中经常使用的技术之一。

3. 口令的安全性管理

（1）口令的安全存储。口令如何存储对于口令的安全性有着很大的影响。一般的口令有两种方法来存储：一是直接明文存储口令，二是哈希散列存储口令。

直接明文存储口令是指将所有用户的用户名和口令都直接存储于数据库中，没有经过任何算法或加密过程。

哈希散列函数的目的是为文件、报文或其他分组数据产生“指纹”。在口令的安全存储中，可以使用散列函数对于口令文件中每一个用户口令计算散列值并对应于用户名存储起来；当用户登录时，用户输入口令，系统使用散列函数计算，然后与口令文件中的相对应的散列值进行比较，成功则允许用户访问，否则拒绝其登录。

（2）口令的安全设置策略。

①所有活动账号都必须有口令保护。

②口令输入时不应将口令的明文显示出来，如输入的字符用 • 取代。

③口令最好能够同时含有字母和非字母字符。

④口令长度最好能多于 8 个字符。

⑤用户连续输错 3 次口令后账号将被锁定，只有系统管理员可以解锁。

⑥如果可能，应控制登录尝试的频率。

⑦在生成账号时，系统管理员应该分配给合法用户一个唯一的口令，用户在第一次登录时应更改口令。

⑧在 UNIX 系统中，口令不应存放在 /etc/passwd 文件中，而只应存放在只有 root 用户和系统自身有权访问的 shadow 文件中。

⑨在 UNIX 系统中，如果 root 账号的口令被攻破或泄露，所有的口令都必须修改；必须定期用监控工具检查口令的强度和长度是否合格。

⑩所有系统用户的口令最好是难以猜测的，避免使用生日、名字的字符；用户获取口令时必须用适当的方式证明自己的身份。

⑪如果可能，用户在空闲状态达 30 分钟后应该自动退出。

⑫用户成功登录时，应显示上次成功或失败登录的日期和时间。

（3）口令的加密传输。口令认证的缺点是其安全性仅仅基于用户口令的保密性，而攻击者可能在信道上搭线窃听或进行网络窥探。因此，将口令加密传输，可以在一定程度上防止口令的泄露，但口令的加密传输需要密钥管理和分发服务，可以借助于 KDC 这一基础服务的支持来实现。

（4）验证码的使用。验证码是一串服务器随机产生的数字或符号，生成一幅图片，图片里加上一些干扰像素以防止扫描，在客户端由用户肉眼识别其中的验证码信息。用户每次登录和注册时，验证码根据时间周期随机生成，用户一定时间周期内必须依据图片手工输入验证码，提交服务器系统验证，验证成功后或验证码生存周期过后才能进行下一次登录和注册。实际上，通过使用验证码可以控制登录或注册时间和节奏，有效防止对某一个特定注册用户用特定程序自动进行口令的穷举尝试。

（四）基于智能卡与 USB Key 的身份认证技术

基于智能卡和 USB Key 的身份认证技术都是基于小型硬件设备的。

智能卡具有硬件加密功能，有较高的安全性。智能卡也称 IC 卡（集成电路卡）。一些智能卡包含一个微电子芯片，智能卡需要通过读写器进行数据交互。智能卡配备有 CPU、RAM 和 I/0，可自行处理数量较多的数据。日常生活中常见的 IC 卡有校园卡、社保卡、医保卡、公交卡等。不同领域的 IC 卡担负着不同的功能，随着信息技术的飞速发展以及新的社会需求的不断刺激，智能卡的身份认证有着广泛的应用前景。每个用户持有一张智能卡，智能卡存储用户个性化的秘密信息，同时在验证服务器中也存放秘密信息。

基于 USB Key 的身份认证技术是近年发展起来的一种使用方便、安全可靠的技术，特别是网上银行认证使用较为普遍。

USB Key 是一种基于 USB 接口的小型硬件设备，通过 USB 接口与计算机连接，USB Key 内部带有 CPU 及芯片级操作系统，所有读写和加密运算都在芯片内部完成，能够防止数据被非法复制，具有很高的安全性。在 USB Key 中存放代表用户唯一身份的私钥或数字证书，利用 USB Key 内置的硬件和算法实现对用户身份的验证和鉴别。

在基于 USB Key 的用户身份认证系统中，主要有两种应用模式，即基于激励一响应的认证模式和基于 PKI 的认证模式，以实现不同的用户身份认证体系。USB Key 还可以结合动态口令（一次性口令）方式，进一步提高了安全性。显然，USB Key 提供了比单纯口令认证方式更加安全且易于使用的身份认证方式，在不暴露任何关键信息的情况下就可实现身份认证。

每个持有智能卡和 USB Key 的用户都有一个用户 PIN 码，进行认证时，需要用户输入PIN，并且持有智能卡或USB Key认证硬件，以实现双因素认证功能，防止用户被冒充。

（五）基于生物特征的身份认证技术

传统的身份识别主要是基于用户所知道的知识和用户所拥有的身份标识物，如用户的口令、用户持有的智能卡等。在一些安全性较高的系统中，往往将两者结合起来，如自动取款机要求用户提供银行卡和相应的密码。但身份标识物容易丢失或被伪造，用户所知道的知识容易忘记或被他人知道，这使得传统的身份识别无法区分真正的授权用户和取得授权用户知识和身份标识物的冒充者，一旦攻击者得到授权用户的知识和身份标识物，就可以拥有相同的权力。现代社会的发展对人类自身的身份识别的准确性、安全性和实用性不断提出要求，人类在寻求更为安全、可靠、使用方便的身份识别途径的过程中，基于生物特征的身份认证技术应运而生。

基于生物特征的身份认证技术是以生物技术为基础，以信息技术为手段，将生物和信息技术交汇融合为一体的一种技术。

1. 指纹识别技术

“利用生物特征进行身份识别已成为目前信息安全领域的研究热点，指纹识别技术随着计算机图形学技术的飞速发展已取得巨大的进步。”基于增强认证系统安全性的考虑，在电子商务身份认证过程中，通过客户端的指纹传感器获得用户的指纹信息，加密后传送到服务器。

基于生物特征的身份认证能解决类似于口令窥视和密钥等身份信息管理难的问题，但很难阻止第三方的重放攻击。而基于指纹的电子商务身份认证系统综合了指纹识别、数字签名和加密技术，有效地解决了客户端身份信息的存储和管理问题；同时，通过认证过程中使用时间戳和随机数阻止了第三方的重放攻击。

2.DNA 识别技术

DNA 又称脱氧核糖核酸，存在于一切有核的动、植物中，是染色体的主要化学成分，生物的全部遗传信息都储存在 DNA 分子中，又被称为“遗传微粒”。DNA 结构中的编码区，即遗传基因或基因序列部分占 DNA 全长的 3% ～ 10%，这部分即遗传密码区。就人来说，遗传基因约有 10 万个，每个均由 A、T、G、C 这 4 种核苷酸，按次序排列在两条互补的双螺旋结构的 DNA 长链上。核苷酸的总数达 30 亿左右，如随机查两个人的 DNA 图谱，其完全相同的概率仅为 3 000 亿分之一。随着生物技术的发展，尤其是人类基因研究的重大突破，研究人员认为 DNA 识别技术将是未来生物特征识别技术发展的主流，如 DNA 亲子鉴定。

但是由于识别的精确性和费用的不同，在安全性要求较高的应用领域中，往往需要融合多种生物特征来作为身份认证的依据。由于人体生物特征具有人体所固有的不可复制的唯一性，而且具有携带方便等特点，使得基于生物特征的身份认证技术比其他身份认证技术具有更强的安全性和方便性。

在身份认证技术中，数字证书是目前公认的网络中安全而有效的身份认证手段。将数字证书存储在智能卡和 USB Key 中，并采集使用者的生物特征一并存入其中进行身份认证，将大大增加身份认证的方便性、可移动性和应用的可扩展性，同时也提高了身份认证的安全性和可靠性。

总之，在实际的身份认证系统中，往往不是单一使用某种技术，而是将几种技术结合起来使用，兼顾效率和安全。需要注意的是，只靠单纯的技术并不能完全保证安全，当在实际应用中发现异常情况时，如在正确输入口令的情况下仍无法获取所需服务时，一定要提高警惕，这很有可能是攻击者在盗取身份证明。

（六）计算机身份认证的使用

1.PPP 认证

点对点协议（Pointto Point Protocol，PPP）是 TCP 中协议内到点类型线路的数据链路层协议，支持在各种物理类型的点到点串行线路上传输上层协议报文。为了在点到点链路上建立通信，PPP 链路的每一端在链路建立阶段必须首先发送链路控制协议（Link Control Protocol，LCP）包进行数据链路配置。链路建立之后，PPP 提供可选的认证阶段，可以在进入网络控制协议阶段之前实施认证。

PPP 提供了以下两种可选的身份认证方法：

(1) 密码认证。密码认证协议（PAP）是一个简单的、实用的身份验证协议。PAP 的工作过程如下。采用 PPP 协议的对等实体首先使用 LCP 协议确定双方的认证方式，协商使用 PAP 进行身份认证。远程访问服务器（认证者）的数据库中保存客户端（被认证者）的用户名和密码，客户端输入自己的用户名和密码后，服务器端在其数据库中进行比对，根据比对结果确定是否通过验证。PAP 的弱点是用户名和密码是明文发送的，有可能被协议分析软件捕获而导致安全问题。但是，因为认证只在链路建立初期进行，节省了宝贵的链路带宽。目前，许多拨号网络采用 PAP 协议进行身份认证，并且系统的用户名和密码是公开的，服务器端只根据链路建立的时间收费，收费是针对客户端的电话号码进行的，攻击者截获密码已经没有实际意义，因此使用简单的验证机制是适用的。

(2) 挑战握手认证协议。挑战握手认证协议（CHAP）通过三次握手周期性地认证对方的身份，在初始链路建立时完成，可以在链路建立之后的任何时候重复进行。本地路由器（被认证者）和远程访问路由器 NAS（认证者）之间使用 PPP 协议进行通信，并使用 CHAP 进行身份鉴别。在鉴别之前，双方数据库中保存和对方通信的共享密钥，该密钥也可以是双方共享的密码字。

CHAP 认证比 PAP 认证更安全，因为 CHAP 协议中的密码保存在认证对等端各自的数据库中，不在网络上传输，而被认证端发送的只是经过摘要算法加工过的随机序列，也被称为“挑战字符串”。同时，在双方正常通信过程中，身份认证可以随时进行，而 PAP 中的鉴别只发生在链路建立阶段。

2.AAA 认证体系

AAA 指的是认证（Authemication）、授权（Authorization）和审计（Accounting)。其中，认证指用户在使用网络系统中的资源时对用户身份的确认。这一过程，通过与用户的交互获得身份信息（如用户名一口令、生物特征等），然后提交给认证服务器，根据处理结果确认用户身份是否正确。授权是网络系统授权用户以特定的方式使用其资源，这一过程指定了被认证的用户在接入网络后能够使用的业务和拥有的权限，如授予的IP地址等。审计是网络系统收集、记录用户对网络资源的使用，以便向用户收取资源使用费用，或者用于计费等目的。例如，对于网络服务供应商 ISP 用户的网络接入使用情况可以按流量或者时间被准确记录下来。

AAA 提供了访问控制的框架，使得网络管理员可以通过策略访问所有的网络设备，它具有四个优点：①对安全信息，特别是账号等信息的集中控制；②扩展性强，安全产品厂商可以根据 AAA 规范设计生产自己的安全产品；③既适合于网络内部的认证，也适合于网络接口的各种认证；④最大的灵活性，可对现有网络实施 AAA 框架而无须改造。

AAA最常使用的协议包括远程验证拨入用户服务和终端访问控制器访问控制系统等。

（1）RADIUS。RADIUS 最初是为拨号网络开发的，其目的是为拨号用户进行认证和审计，现已被广泛应用于对网络设备的认证。

RADIUS是基于UDP的访问服务器认证和审计的客户机/服务器协议，认证机制灵活，可以采用 PAP、CHAP 或者 UNIX 登录认证等多种方式。RADIUS 是一种可扩展的协议，它进行的全部工作都是基于 Attribute-Length-Value 的向量进行的。

RADIUS 服务器具有对用户账号信息的访问权限，并且能够检查网络访问身份验证证书。如果用户的证书是可验证的，RA-DIUS 服务器则会对基于指定条件的用户访问进行授权（在 RADIUS 中，认证和授权是组合在一起的），并将这次网络访问记录到审计日志中。使用 RADIUS 可以统一地对用户身份验证、授权和审计数据进行收集和维护，并集中管理。

RADIUS 认证是一种基于挑战 / 应答（Challenge/Response）方式的身份认证机制。每次认证时服务器端都给客户端发送一个不同的“挑战”信息，客户端程序收到这个“挑战”信息后，做出相应的应答。一个典型的 RADIUS 认证过程包括以下五个步骤：

①用户尝试登录路由器，提供必要的账号和密码信息。

②路由器将用户信息加密，转发给 RADIUS 认证服务器。

③ RADIUS 认证服务器在 RADIUS 数据库中查找相关的用户信息。

④根据查找的结果向路由器发送回应。如果找到匹配项，则返回一个访问允许（Access-accept）消息；否则，则返回一个访问拒绝（Access-reject）消息。

⑤路由器根据 RADIUS 认证服务器的返回值，确定允许或拒绝用户的登录请求。

也可以在同一个网络中安装多个 RADIUS 服务器，这样能提供更加有效的认证。

在多 RADIUS 认证服务器协同工作时，如果路由器向 RADIUS 认证服务器 A 发送认证请求后，在一定时间内没有接到响应，它可以向网络中的另一台认证服务器，

BPRADIUS 认证服务器 B 发送认证请求。以此类推，直到路由器从某个服务器得到认证为止。如果所有的认证服务器都不可用，那么这次认证就以失败告终。

RADIUS 有五个特点：① RADIUS 采用 UDP 协议在客户和服务器之间进行交互。RADIUS 服务器的 1812 端口负责认证和授权，1813 端口负责审计工作。②采用共享密钥的形式。这个密钥不经过网络传播，而密码使用 MD5 加密传输，可有效地防止密码被窃取。③重传机制。能够在一个网络内设置多个 RADIUS 服务器，当某一个服务器没有响应时，用户还可以向其他的服务器发送“挑战”请求。当然，如果 RADIUS 服务器的密钥和以前 RADIUS 服务器的密钥不同，则需要重新进行认证。④配置使用简单。要使用 RADIUS，用户需要安装客户端应用程序，申请成为合法用户，并使用自己的账号进行认证。

（2）TACACS+。TACACS+ 是客户机 / 服务器型协议，其服务器维护于一个数据库中，该数据库是由运行在 UNIX 或 Windows 上的 TACACS+ 监控进程管理的，其端口号是 49。在使用 TACACS+ 的访问策略前，必须要对 TACACS+ 服务进行配置。

当用户试图访问一个配置了 TACACS+ 协议的路由器时，开始的认证过程如下：

①路由器在用户与 TACACS+ 监控进程之间建立连接并传递消息。这是一个交互的过程，路由器从守护进程那里得知需要用户提供什么信息并返回给用户，用户按要求填写完毕后，再经路由器传送给 TACACS+ 认证服务器。如此反复直到 TACACS+ 监控进程得到了所有必要的认证信息为止。

② TACACS+ 监控进程根据认证信息的结果向路由器发送响应。响应包括四种：a.ACCEPT，认证成功，可以接着做其他的事情；b.REJECT，认证失败，拒绝用户的访问；c.ERROR，在认证的过程中出现了错误，认证终止；d.CONTINUE，需要用户提供额外的认证信息。

③认证成功后，还需要进行 TACACS+ 授权。这依然需要路由器与 TACACS+ 监控进程建立连接，监控进程会返回两种类型的响应，SPREJECT（拒绝访问）和 ACCEPT（允许访问）。

TACACS+ 提供了分离式模块化的认证、授权和审计管理。它为认证、授权和审计都单独设置了一个访问控制器，也就是监控进程。每个监控进程在维护自己数据库的同时还能够充分利用其他的服务，无论这些服务是位于同一台服务器还是分布在网络中。

TACACS+ 是通过 AAA 的安全服务来管理的，TACACS+ 有以下五个特点：

第一，认证。通过登录和密码对话、“挑战”和响应消息等方式，提供对认证管理的完全控制。TACACS+ 的认证是可选的，可以根据需要进行设置。TACACS+ 认证服务能处理与用户的对话，还能向管理机发送消息。除此之外，TACACS+ 协议还支持被访问资源与 TACACS+ 监控进程间的认证功能。

第二，授权。在用户会话期间提供对用户操作能力的细粒度访问控制，包括设置自动执行的命令、访问控制、会话的持续时间或协议等，也可以限制用户在使用认证功能时允许执行的命令。

第三，审计。收集用户审计或报告用户的信息，并将它们发送到TACACS+监控进程。

网络管理员能使用审计功能跟踪用户的活动或提供用户的审计信息。审计信息由用户的身份、执行的命令、登录及退出时间、数据包的数量及数据包的字节等构成。

第四，安全。TACACS+ 监控进程与网络设备之间的通信采用了加密的方式，对数据包的所有数据都进行加密，而不像 RADIUS 那样仅对密码加密。因此，TACACS+ 协议是安全的，至少到目前为止，还没有发布针对 TACACS+ 协议的安全警告。不过 TACACS+ 协议只是对网络设备与 TACACS+ 服务间的传输采用了加密的方式，并未对报文信息加密，黑客还是可以使用嗅探软件探测相关的信息。

第五，多种类型的验证方式。TACACS+ 可以使用任何由 TACACS+ 软件支持的认证，即允许 TACACS+ 客户端采用多种认证协议（如 PAP、CHAP、Kerberos 等），将多种认证方式结合起来，以提供最大的安全保护。

二、计算机访问控制

随着信息时代的推进，信息系统安全问题逐渐凸显。计算机网络运行中，不仅要考虑抵御外界攻击，还要注重系统内部防范，防止涉密信息的泄漏。作为防止信息系统内部遭到威胁的技术手段之一，利用访问控制技术可以避免非法用户侵入，防止外界对系统内部资源的恶意访问和使用，保障共享信息的安全。目前普遍使用的访问控制策略主要有强制访问控制策略、自主访问控制策略、基于角色的访问控制策略以及基于任务的访问控制策略等。

（一）计算机访问控制技术的要素

在访问控制系统中一般包括以下三个要素：

（1）主体。发出访问操作的主动方，一般指用户或发出访问请求的智能体如程序、进程、服务等。

（2）客体。接受访问的对象，包括所有受访问控制机制保护的系统资源，如操作系统中的内存、文件，数据库中的记录，网络中的页面或服务等。

（3）访问控制策略。主体对客体访问能力和操作行为的约束条件，定义了主体对客体实施的具体行为以及客体对主体的条件约束。

（二）计算机访问控制技术的分类

（1）自主访问控制。自主访问控制（DAC）的主要特征体现在允许主体对访问控制施加特定限制，也就是可将权限授予或收回于其他主体，其基础模型是访问控制矩阵模型，访问控制的粒度是单个用户。目前应用较多的是基于客体的访问控制列表，简称 AGL，其优点在于简易直观。但在遇到规模相对较大、需求较为复杂的网络任务时，管理员工作量增长较为明显，风险也会随之增大。

（2）强制访问控制。强制访问控制（MAC）中的主体被系统强制服从于事先制定的访问控制策略，并将所有信息定位保密级别，每个用户获得相应签证，通过梯度安全标签实现单向信息流通模式。MAC 安全体系中，可以将通过授权进行访问控制的技术应用于数据库信息管理，或者网络操作系统的信息管理。

(3) 基于角色的访问控制。基于角色的访问控制（RBAC）是指在应用环境中，通过对合法的访问者进行角色认证，来确定其访问权限，简化了授权管理过程。RBAC 的基本思想是在用户和访问权限之间引入了角色的概念，使其与权限关联，利用角色的稳定性而对用户与权限关系的易变性做出补偿，并可以涵盖在一个组织内执行某个事务所需权限的集合，可根据事务变化实现角色权限的增删。

(4) 基于任务的访问控制。基于任务的访问控制（TBAC）是一种新型的访问控制和授权管理模式，较为适合多点访问控制的分布式计算和信息处理活动以及决策制定系统。TBAC 从基于任务的角度来实现访问控制，能有效解决提前授权问题，并将动态授权联系给用户、角色和任务，保证最小特权权责。

（三）计算机访问控制防护策略——校园网为例

校园网络安全是一项较为复杂的系统工程，不仅局域网之间的互动非常频繁，并且内网与外网的信息交换量巨大，在访问控制上要严格把关，保护内网信息和资源。可包括以下防护策略：

(1) 使用 ACL 访问控制列表技术，通过限制网络流量、限制上网时间、防止网络病毒以及限制访问的网站等措施限制学生滥用网络，从而加强校园网的安全。

(2) 在计算机及其联网之间设置防火墙，用来加强访问控制，防止非法用户通过外网进入内网并访问资源，保护内部网络的操作环境。防火墙技术主要作用于网络入口处，用来监测网络通信功能。

(3) 身份验证和存取控制共同使用，主要包括对人员限制、数据标识、权限控制、类型控制等。两者结合起来，分别将不同的操作权限赋予不同身份的合法用户，来实现不同安全级别的信息分级管理。

(4) 内容审计技术是对访问控制技术的补充和辅助，包括对邮件往来的审计、WEB 网页的审计、即时聊天工具审计等。

访问控制技术就是通过不同的手段和策略实现网络上的访问控制，保证网络资源不被非法使用和访问。随着网络信息保密与加密技术水平的提高，在计算机系统入口采取访问控制的办法，鉴别访问的用户及系统并授权用户处理范围，以及在系统信息的完整性方面采取加密办法的访问控制技术越来越引起人们的重视，访问控制服务在网络安全体系结构中也逐渐占据不可替代的地位。

第六章　计算机信息安全与防范技术

第一节　计算机防火墙与入侵检测技术

一、计算机防火墙技术

“近年来，随着计算机网络技术被应用到各个行业，计算机网络安全受到高度关注，而防火墙技术能够对计算机网络中的安全隐患进行拦截，减少计算机网络安全问题的发生，使用户的信息安全得到保障。”防火墙通常是指设置在不同网络（如可信任的企业内部网和不可信的公共网）或网络安全域之间的一系列部件的组合（包括硬件和软件）。它是不同网络或网络安全域之间信息的唯一出入口，能根据企业的安全政策控制（允许、拒绝、监测）出入网络的信息流，且本身具有较强的抗攻击能力。防火墙提供信息安全服务，使互联网与企业内部网之间建立起一个安全网关，从而保护内部网免受非法用户的侵入。防火墙主要由服务访问规则、验证工具、包过滤和应用网关四个部分组成，是实现网络和信息安全的基础设施。

在逻辑上，防火墙是一个分离器，一个限制器，也是一个分析器，有效地监控了内部网网络之间的任何活动，保证了内部网络的安全。由于防火墙设定了网络边界和服务，因此更适合于相对独立的网络。防火墙成为控制对网络系统访问的非常流行的方法。事实上，在 Web 网站中，超过三分之一的 Web 网站都是由某种形式的防火墙加以保护，这是对黑客防范最严格，安全性较强的一种方式，任何关键性的服务器都应放在防火墙之后。

（一）防火墙的功能体现

l. 基本功能

防火墙能增强内部网络的安全性，加强网络间的访问控制，防止外部用户非法使用内部网络资源，保护内部网络不被破坏，防止内部网络的敏感数据被窃取。防火墙系统可决定外界可以访问哪些内部服务，以及内部人员可以访问哪些外部服务。防火墙具备的最基本的功能如下：

（1）包过滤。早期的防火墙一般就是利用设置的条件，监测通过防火墙的数据包的特征来决定放行或者阻止，包过滤是很重要的一种特性。虽然防火墙技术发展到现在有了很多新的理念提出，但是包过滤依然是非常重要的一环，如同四层交换机首要的仍是要具备包的快速转发这样一个交换机的基本功能一样。通过包过滤，防火墙可以实现阻挡攻击，禁止外部 / 内部访问某些站点，限制每个 IP 的流量和连接数。

（2）包的透明转发。由于防火墙一般架设在提供某些服务的服务器前，其连接状态一般为 Server-FireWall-Guest，用户对服务器的访问的请求与服务器反馈给用户的信息，都需要经过防火墙的转发，因此，很多防火墙具备网关的功能。

（3）阻挡外部攻击。如果用户发送的信息是防火墙设置所不允许的，防火墙会立即将其阻断，避免其进入防火墙之后的服务器中。

（4）记录攻击。防火墙可将攻击行为都记录下来，但是出于效率上的考虑，目前一般记录攻击的事情都交给 IDS（入侵检测系统）来完成了。

2. 其他功能

随着防火墙技术的不断发展，一些新的功能也出现在新的防火墙产品中，一般来说，防火墙还应该具备以下功能：

（1）支持安全策略。即使在没有其他安全策略的情况下，也应该支持“除非特别许可，否则拒绝所有的服务”的设计原则。

（2）易于扩充新的服务和更改所需的安全策略。

（3）具有代理服务功能，包含先进的鉴别技术。

（4）采用过滤技术，根据需求允许或拒绝某些服务。

（5）具有灵活的编程语言，界面友好，且具有很多过滤属性，包括源和目的 IP 地址、协议类型、源和目的 TCP/UDP 端口以及进入和输出的接口地址。

（6）具有缓冲存储的功能，提高访问速度。

（7）能够接纳对本地网的公共访问，对本地网的公共信息服务进行保护，并根据需要删减或扩充。

（8）具有对拨号访问内部网的集中处理和过滤能力。

（9）具有记录和审计功能，包括允许等级通信和记录可以活动的方法，便于检查和审计。

（10）防火墙设备上所使用的操作系统和开发工具都应该具备相当等级的安全性。

（11）防火墙应该是可检验和可管理的。

（二）防火墙的结构类型

1. 硬件防火墙

这里说的硬件防火墙是指所谓的硬件防火墙。之所以加上“所谓”二字是针对芯片级防火墙来说的。它们最大的差别在于是否基于专用的硬件平台。目前市场上大多数防火墙都是这种所谓的硬件防火墙，它们都基于PC架构，就是说，它们和普通的家庭用的PC没有太大区别。在这些PC架构计算机上运行一些经过裁剪和简化的操作系统，最常用的有老版本的Unix、Linix和FreeBSD系统。由于此类防火墙采用的依然是别人的内核，因此依然会受到OS本身的安全性影响。国内的许多防火墙产品就属于此类，因为采用的是经过裁减内核和定制组件的平台，因此国内防火墙的某些销售人员常常吹嘘其产品是“专用的OS”等，其实是一个概念误导，下面我们提到的第三种防火墙才是真正的OS专用。

2. 软件防火墙

软件防火墙运行于特定的计算机上，它需要客户预先安装好的计算机操作系统的支持，一般来说这台计算机就是整个网络的网关。软件防火墙就像其他的软件产品一样需要先在计算机上安装并做好配置才可以使用。一般操作系统（如Windows等）会自带防火墙功能。使用这类防火墙，需要网管对所工作的操作系统平台比较熟悉。

3. 芯片级防火墙

专有的ASIC芯片促使它们比其他种类的防火墙速度更快，处理能力更强，性能更高。做这类防火墙最出名的厂商莫过于NetScreen，其他的品牌还有FortiNet，算是后起之秀了。这类防火墙由于是专用OS，因此防火墙本身的漏洞比较少，不过价格相对比较高昂，所以一般只有在需求较高时才考虑。根据防火墙工作在TCP/IP协议中的不同层次，可分为以下两种：

（1）网络层防火墙。网络层防火墙可视为一种IP封包过滤器，运作在底层的TCP/IP协议堆栈上。我们可以以枚举的方式，只允许符合特定规则的封包通过，其余的一概禁止穿越防火墙（病毒除外，防火墙不能防止病毒侵入）。这些规则通常可以经由管理员定义或修改，不过某些防火墙设备可能只能套用内置的规则。我们也能以另一种较宽松的角度来制定防火墙规则，只要封包不符合任何一项“否定规则”就予以放行。操作系统及网络设备大多已内置防火墙功能。

较新的防火墙能利用封包的多样属性来进行过滤，例如，来源IP地址、来源端口号、目的IP地址或端口号、服务类型（如WWW或是FTP）也能经由通信协议、TTL值、来源的网域名称或网段等属性来进行过滤。

（2）应用层防火墙。应用层防火墙是在TCP/IP堆栈的“应用层”上运作，使用浏览器时所产生的数据流或是使用FTP时的数据流都属于这一层。应用层防火墙可以拦截进出某应用程序的所有封包，并且封锁其他的封包（通常是直接将封包丢弃）。理论上，这一类的防火墙可以完全阻绝外部的数据流进到受保护的机器里。此外，根据侧重不同，可分为包过滤型防火墙、应用层网关型防火墙以及服务器型防火墙。

（三）防火墙的体系结构

1. 包过滤防火墙

包过滤或分组过滤，是一种通用、廉价、有效的安全手段。之所以通用，是因为它不针对各具体的网络服务采取特殊的处理方式；之所以廉价，是因为大多数路由器都提供分组过滤功能；之所以有效，是因为它能很大程度地满足企业的安全要求。其工作步骤如下：

（1）建立安全策略一写出所允许的和禁止的任务。

（2）将安全策略转化为数据包分组字段的逻辑表达式。

（3）用相应的句法重写逻辑表达式并设置。

包过滤在网络层和传输层起作用。它根据分组包的源、宿地址，端口号及协议类型、标志确定是否允许分组包通过。所根据的信息来源于 IP、TCP 或 UDP 包头。

包过滤的优点是不用改动客户机和主机上的应用程序，因为它工作在网络层和传输层，与应用层无关。但其弱点也是明显的：只能过滤判别网络层和传输层的有限信息，因而各种安全要求不可能充分满足；在许多过滤器中，过滤规则的数目是有限制的，且随着规则数目的增加，性能会受到很大影响；由于缺少上下文关联信息，不能有效地过滤如 UDP、RPC 一类的协议；大多数过滤器中缺少审计和报警机制，且管理方式和用户界面较差；对安全管理人员素质要求高，建立安全规则时，必须对协议本身及其在不同应用程序中的作用有较深入的理解。因此，过滤器通常是和应用网关配合使用，共同组成防火墙系统。

2. 屏蔽主机防火墙

屏蔽主机防火墙体系结构中，分组过滤路由器或防火墙与 Internet 相连，同时一个堡垒机安装在内部网络，通过在分组过滤路由器或防火墙上过滤规则的设置，使堡垒机成为Internet上其他节点所能到达的唯一节点，这确保了内部网络不受未授权外部用户的攻击。

屏蔽主机防火墙配置易于实现，安全性好，应用广泛。屏蔽主机分为单宿堡垒主机和双宿堡垒主机两类。

单宿堡垒主机中，堡垒主机的唯一网卡与内部网络连接。一般在路由器上设立过滤规则，让此单宿堡垒主机成为从 Internet 唯一能访问的主机，保证内部网络不受非授权的外部用户攻击。而 Intranet 内部的客户机，能受控制地通过屏蔽主机和路由器访问 Internet。

双宿堡垒主机有两块网卡，分别连接内部网络和包过滤路由器。双宿堡垒主机在应用层提供代理服务，比单宿堡垒主机更安全。

3. 双宿网关防火墙

双宿网关防火墙由两块网卡的主机构成。两块网卡分别与受保护网和外部网相连。主机上运行着防火墙软件，可以提供服务，转发应用程序等。

双宿主机防火墙一般用于超大型企业，由于双宿主机用两个网络适配器分别连接两个网络，所以又称为堡垒主机。堡垒主机上运行着防火墙软件（通常是代理服务器），可以转发应用程序，提供服务等。双宿主机网关有一个致命弱点，一旦入侵者侵入堡垒主机并使该主机只具有路由器功能，则任何网上用户均可以随便访问有保护的内部网络。

4. 屏蔽子网防火墙

堡垒机放在一个子网内，两个分组过滤路由器放在这一子网的两端，使这一子网与Internet及内部网络分离。在屏蔽子网防火墙体系结构中，堡垒主机和分组过滤路由器共同构成了整个防火墙的安全基础。大型企业防火墙建议采用屏蔽子网防火墙，以得到更安全的保障。这种方法是在Intranet和Internet之间建立一个被隔离的子网，用两个包过滤路由器将这一子网分别与Intranet和Internet分开。两个路由器一个控制Intranet数据流，另一个控制Internet数据流，Intranet和Internet均可访问屏蔽子网，但禁止它们穿过屏蔽子网通信。可根据需要在屏蔽子网中安装堡垒主机，为内部网络和外部网络的互相访问提供代理服务，但是来自两网络的访问都必须通过两个包过滤路由器的检查。这种结构的防火墙安全性能高，具有很强的抗攻击能力，但需要的设备多，造价高。

（四）防火墙的主要技术

1. 数据包过滤技术

包过滤技术，是最早出现的防火墙技术。虽然防火墙技术发展到现在提出了很多新的理念，但是包过滤仍然是防火墙为系统提供安全保障的主要技术，它可以阻挡攻击，禁止外部/内部访问某些站点以及限制单个IP地址的流量和连接数。系统按照一定的信息过滤规则，对进出内部网络的信息进行限制，允许授权信息通过，而拒绝非授权信息通过。数据包过滤用在内部主机和外部主机之间，过滤系统是一台路由器或是一台主机，根据过滤规则来决定是否让数据包通过。用于过滤数据包的路由器被称为过滤路由器。

（1）数据包过滤策略与过程。

①数据包过滤策略，主要如下：

第一，拒绝来自某主机或某网段的所有连接。

第二，允许来自某主机或某网段的所有连接。

第三，拒绝来自某主机或某网段的指定端口的连接。

第四，允许来自某主机或某网段的指定端口的连接。

第五，拒绝本地主机或本地网络与其他主机或其他网络的所有连接。

第六，允许本地主机或本地网络与其他主机或其他网络的所有连接。

第七，拒绝本地主机或本地网络与其他主机或其他网络的指定端口的连接。

第八，允许本地主机或本地网络与其他主机或其他网络的指定端口的连接。

②数据包过滤基本过程，具体如下：

第一，包过滤规则必须被包过滤设备端口存储起来。

第二，当包到达端口时，对包报头进行语法分析。大多数包过滤设备只检查 IP、TCP 或 UDP 报头中的字段。

第三，包过滤规则以特殊的方式存储。应用于包的规则的顺序与包过滤器规则存储顺序必须相同。

第四，若一条规则阻止包传输或接收，则此包便不被允许。

第五，若一条规则允许包传输或接收，则此包便可以被继续处理。

第六，若包不满足任何一条规则，则此包便被阻塞。

（2）数据包过滤技术。

①静态包过滤。静态包过滤技术的实现非常简单，就是在网关主机的 TCP/IP 协议栈的 IP 层增加一个过滤检查，对 IP 包的进栈、转发、出栈时均针对每个包的源地址、目的地址、端口、应用协议进行检查，用户可以设立安全策略，比如某某源地址禁止对外部的访问、禁止对外部的某些目标地址的访问、关闭一些危险的端口等。一些简单而有效的安全策略可以极大地提高内部系统的安全，由于静态包过滤规则的简单、高效，直至目前，它仍然得到应用，具体来说，静态包过滤是通过对数据包的 IP 头和 TCP 头或 UDP 头的检查来实现的，主要检查的信息如下：

第一，IP 源地址。

第二，IP 目标地址。

第三，协议（TCP 包、UDP 包和 ICMP 包）。

第四，TCP 或 UDP 包的源端口。

第五，TCP 或 UDP 包的目标端口。

第六，ICMP 消息类型。

第七，TCP 包头中的 ACK 位。

第八，数据包到达的端口。

第九，数据包出去的端口。

②动态包过滤。动态包过滤技术除了含有静态包过滤的过滤检查技术之外，还会动态地检查每一个有效连接的状态，所以通常也称为状态包过滤技术。状态包过滤克服了第一代包过滤（静态包过滤）技术的不足，如信息分析只基于头信息、过滤规则的不足可能会导致安全漏洞、对于大型网络的管理能力不足等。动态包过滤技术的优点如下：

第一，对于一个小型的、不太复杂的站点，包过滤比较容易实现。

第二，因为过滤路由器工作在 IP 层和 TCP 层，所以处理包的速度比代理服务器快。

第三，过滤路由器为用户提供了一种透明的服务，用户不需要改变客户端的任何应用程序，也不需要用户学习任何新的东西。因为过滤路由器工作在 IP 层和 TCP 层，而 IP 层和 TCP 层与应用层的问题毫不相关。所以，过滤路由器有时也被称为“包过滤网关”或“透明网关”，之所以被称为网关，是因为包过滤路由器和传统路由器不同，它涉及传输层。

第四，过滤路由器在价格上一般比代理服务器便宜。

2. 电路级网关技术

电路级网关，也叫电路层网关，它工作在OSI参考模型的会话层，在内、外网络主机之间建立一个虚拟电路进行通信，相当于在防火墙上打开一个通道进行传输。在电路级网关中，包被提交到用户应用层处理。电路级网关用来在两个通信的终点之间转换包，电路级网关是建立应用层网关的一个更加灵活和一般的方法，电路级网关在两主机首次建立TCP连接时创立一个电子屏障。它作为服务器接收外来请求，转发请求；与被保护的主机连接时则担当客户机角色，起代理服务的作用。它监视两主机建立连接时的握手信息，如SYN（同步信号）、ACK（应答信号）和序列数据等是否合乎逻辑，判定该会话请求是否合法。一旦会话连接有效后网关仅复制、传递数据，而不进行过滤。

电路级网关拓扑结构同应用层网关，电路级网关接收客户端连接请求，代理客户端完成网络连接，在客户和服务器间中转数据。电路级网关一般需要安装特殊的客户机软件，用户同时可能需要一个可变用户接口来相互作用或改变他们的工作习惯。

电路级网关可针对每个TCP、UDP会话进行识别和过滤。在会话的建立过程中，除了检查传统的过滤规则之外，还要求发起会话的客户端向防火墙发送用户名和口令，只有通过验证的用户才被允许建立会话。会话一旦建立，则报文流可不加检验直接穿透防火墙。电路级网关通过对客户端的用户名和口令进行验证，有效地避免了网络传送过程中源地址被冒充等问题，可有效地防御IP/UDP/TCP欺骗，并可快速定位TCP/UDP的攻击发起者。

电路级网关在初次连接时，客户端程序与网关进行安全协商和控制，协商通过之后，网关的存在对应用来说就透明了，客户端与服务器之间的交互就像没有网关一样。只有懂得如何与电路级网关通信的客户端程序才能到达防火墙另一端的服务器。所以，对普通的客户端程序来说，必须通过适当改造，或者借助他响应的处理，才能通过电路级网关访问服务器。

早期的电路级网关只处理TCP连接，并不进行任何附加的包处理或过滤。电路级网关就像电线一样，只是在内部连接和外部连接之间来回拷贝。但对于外部网络用户而言，连接似乎源于网关，网关屏蔽了受保护网络的有关信息，因而起到了防火墙的作用。

电路级网关的工作原理包括：其组成结构与应用级防火墙相似，但它并不针对专门的应用协议，而是一种通用的连接中继服务，是建立在运输层的一种代理方法。连接的发起方不直接与响应方建立连接，而是与回路层代理建立两个连接：一个是在回路层代理和内部主机上的一个用户之间，另一个是在回路层代理和外部主机上的一个用户之间。

通常，实现这种防火墙功能都是在通用的运输层之上插入代理模块，所有的出入连接必须连接代理，通过安全检查之后数据才能被转发。网关的访问控制规则决定是否允许连接。回路层代理可以提供较详尽的访问控制机制，其中包括鉴别和其他客户与代理之间的会话信息交换。回路层代理与应用网关不同的是，对于网络服务都通过共同的回路层代理，所以这种代理也称为“公共代理”。

电路级网关防火墙的特点包括：一是对连接的存在时间进行监测，从而防止过大的邮件和文件传送；二是建立允许的发起方列表，并提供鉴别机制；三是对传输的数据提供加密保护。

总的来说，电路级网关的防火墙的安全性比较高，但它仍不能检查应用层的数据包以消除应用层攻击的威胁。考虑到电路级网关的优点是堡垒主机可以被设置成混合网关，对于进入的连接使用应用级网关或代理服务器，而对于出去的连接使用电路级网关。这样使得防火墙既能方便内部用户，又能保证内部网络免于外部的攻击。

3. 应用层代理技术

应用层代理技术针对每一个特定应用，在应用层实现网络数据流保护功能，代理的主要特点是具有状态性。代理能够提供部分与传输有关的状态，能完全提供与应用相关的状态部分传输信息，代理也能够处理和管理信息。应用层代理使得网络管理员能够实现比包过滤更严格的安全策略。应用层代理不用依靠包过滤工具来管理 Internet 服务在防火墙系统中的进出，而是采用为每种服务定制特殊代码（代理服务）的方式来管理 Internet 服务。显然，应用层代理可以实现网络管理员对网络服务更细腻的控制。但是，应用代理的代码并不通用，如果网络管理员没有为某种应用层服务在应用层代理服务器上安装特定的代码，那么该项服务就无法被代理型防火墙转发。同时，管理员可以根据实际需要选择安装网络管理认为需要的应用代理服务功能。

应用层代理技术提供应用层的高安全性，但其缺点是性能差、伸缩性差，只支持有限的应用。总体说来，应用层代理技术的主要特点如下：

第一，所有的内外网之间的连接都通过防火墙，防火墙作为网关。

第二，在应用层上实现。

第三，可以监视数据包的应用层内容。

第四，可以实现基于用户的认证，防止 IP 欺骗。

第五，所有的应用需要单独实现。

第六，可以提供理想的日志功能。

第七，非常安全，但是开销比较大。

应用代理防火墙实际上并不允许在它连接的网络之间直接通信。相反，它是接受来自内部 / 外部网络特定用户应用程序的通信，然后建立与外部 / 内部网络主机单独的连接。应用代理防火墙工作过程中，网络内部 / 外部的用户不直接与外部 / 内部的服务器通信，所以内部 / 外部主机不能直接访问外部 / 内部网络的任何一部分。

4. 地址翻译技术

网络地址翻译（Net Address Translation，NAT）的最初设计目的是用来增加私有组织的可用地址空间和解决将现有的私有 TCP/IP 网络连接到互联网上的端口地址编号问题，内部主机地址在 TCP/IP 开始开发的时候，没有人会想象到它发展得如此之快。动态分配外部 IP 地址的方法只能有限地解决 IP 地址紧张的问题，而让多个内部地址共享一个外部

IP地址的方式能更有效地解决IP地址紧张的问题。让多个内部IP地址共享一个外部IP地址，就必须转换端口地址，这样内部 IP 地址不同但具有同样端口地址的数据包就能转换为同一个 IP 地址而端口地址不同，这种方法又被称为端门地址转换，或者称为 IP 伪装。NAT 能处理每个 IP 数据包，将其中的地址部分进行转换，将对内部和外部 IP 进行直接映射，从一批可使用的 IP 地址池中动态选择一个地址分配给内部地址，或者不但转换 IP 地址，也转换端口地址，从而使得多个内部地址能共享一个外部 1P 地址。

私有 IP 地址只能作为内部网络号，不在互联网主干网上使用。网络地址翻译技术通过地址映射保证了使用私有 IP 地址的内部主机或网络能够连接到公用网络。NAT 网关被安放在网络末端区域（内部网络和外部网络之间的边界点上)，并且在源自内部网络的数据包发送到外部网络之前把数据包的源地址转换为唯一的 IP 地址。

网络地址翻译同时也是一个重要的防火墙技术，因为它对外隐藏了内部的网络结构，外部攻击者无法确定内部计算机的连接状态。并且不同的时候，内部计算机向外连接使用的地址都是不同的，给外部攻击造成了困难。同样 NAT 也能通过定义各种映射规则，屏蔽外部的连接请求，并可以将连接请求映射到不同的计算机中。

网络地址翻译和 IP 数据包过滤一起使用，就构成一种更复杂的包过滤型的防火墙。由于仅仅具备包过滤能力的路由器，其防火墙能力还比较弱，抵抗外部入侵的能力也较差，而和网络地址翻译技术相结合，就能起到更好的安全保证。正是内部主机地址隐藏的特性，使网络地址翻译技术成为了防火墙实现中经常采用的核心技术之一。

5. 状态监测技术

无论是包过滤，还是代理服务，都是根据管理员预定义好的规则提供服务或者限制某些访问。然而在提供网络访问能力和保证网络安全方面，显然存在矛盾，只要允许访问某些网络服务，就有可能造成某种系统漏洞；然而如果限制太严厉，合法的网络访问就受到不必要的限制。代理型的防火墙的限制就在这方面，必须为一种网络服务分别提供一个代理程序，当网络上的新型服务出现的时候，就不可能立即提供这个服务的代理程序。事实上代理服务器一般只能代理最常用的几种网络服务，可提供的网络访问十分有限。

为了在开放网络服务的同时也提供安全保证，必须有一种方法能监测网络情况，当出现网络攻击时就立即告警或切断相关连接。主动监测技术就是基于这种思路发展起来的，它工作在数据链路层和网络层之间，维护一个记录各种攻击模式的数据库，并使用一个监测程序时刻运行在网络中进行监控，一旦发现网络中存在与数据库中的某个模式相匹配时，就能推断可能出现网络攻击。由于主动监测程序要监控整个网络的数据，因此需要运行在路由器上，或路由器旁能获得所有网络流量的位置。由于监测程序会消耗大量内存，并会影响路由器的性能，因此最好不在路由器上运行。主动检测方式作为网络安全的一种新兴技术，其优点是效率高、可伸缩性和可扩展性强、应用范围广。但由于需要维护各种网络攻击的数据库，因此需要一个专业性的公司维护。理论上这种技术能在不妨碍正常网络使用的基础上保护网络安全，然而这依赖于网络攻击的数据库和监测程序对网络数据的智能分析，而且在网络流量较大时，使用状态监测技术的监测程序可能会遗漏数据包信息。因此，这种技术主要用于要求较高，对网络安全要求非常高的网络系统中，常用的网络并不需要使用这种方式。

二、入侵检测技术

入侵不仅包括发起攻击的人（如恶意的黑客）取得超出合法范围的系统控制权，也包括收集漏洞信息，造成拒绝访问（DoS）等对计算机系统造成危害的行为。入侵行为不仅来自外部，同时也指内部用户的未授权活动。从入侵策略的角度可将入侵检测的内容分为：试图闯入、成功闯入、冒充其他用户、违反安全策略、合法用户的泄露、独占资源以及恶意使用。

（一）入侵检测的重要功能

入侵检测系统能在入侵攻击对系统发生危害前检测到入侵攻击，并利用报警与防护系统驱逐入侵攻击；在入侵攻击过程中，尽可能减少入侵攻击所造成的损失；在被入侵攻击后，能收集入侵攻击的相关信息，作为防范系统的知识添加到知识库内，从而增强系统的防范能力。

入侵检测功能大致分为以下方面：

1. 监控、分析用户与系统的活动

监控、分析用户与系统的活动是入侵检测系统能够完成入侵检测任务的前提条件，入侵检测系统通过获取进出某台主机及整个网络的数据，或者通过查看主机日志等信息来监控用户与系统活动，获取网络数据的方法一般是“抓包”，即将数据流中的所有包都抓下来进行分析。

如果入侵检测系统不能实时地截获数据包并对它们进行分析，就会出现漏包或网络阻塞的现象。前一种情况下系统的漏报会很多，后一种情况会影响到入侵检测系统所在主机或网络的数据流速，入侵检测系统成为整个系统的瓶颈。因此，入侵检测系统不仅要能够监控、分析用户与系统的活动，还要使这些操作足够快。

2. 发现入侵企图或计算机异常现象

发现入侵企图或计算机异常现象是入侵检测系统的核心功能，主要包括两方面：一是入侵检测系统对进出网络或主机的数据流进行监控，查看是否存在入侵行为；二是评估系统关键资源和数据文件的完整性，查看系统是否已经遭受了入侵。前者的作用是在入侵行为发生时及时发现，从而避免系统遭受攻击；后者一般是攻击行为已经发生，但可以通过攻击行为留下的痕迹的一些情况，从而避免再次遭受攻击。对系统资源完整性的检查也有利于对攻击者进行追踪或者取证。

对于网络数据流的监控，可以使用异常检测的方法，也可以使用误用检测的方法。还有很多新技术，但目前多数都还在理论研究阶段。现在的入侵检测产品使用的主要还是模式匹配技术。检测技术的好坏，直接关系到系统能否精确地检测出攻击。因此，对于这方面的研究是入侵检测系统研究领域的主要工作。

3. 记录、报警与响应

入侵检测系统在检测到攻击后，应该采取相应的措施来阻止或响应攻击，它应该记录攻击的基本情况并及时发出警告。良好的入侵检测系统不仅应该能把相关数据记录在文件或数据库中，还应该提供报表打印功能。必要时，系统还能够采取必要的响应行为，如拒绝接收所有来自某台计算机的数据，追踪入侵行为等。实现与防火墙等安全部件的交互响应，也是入侵检测系统需要研究和完善的功能之一。

作为一个功能完善的入侵检测系统，除具备上述基本功能外，还应该包括其他一些功能，比如审计系统的配置和弱点评估，关键系统和数据文件的完整性检查等。此外，入侵检测系统还应该为管理员和用户提供友好、易用的界面，方便管理员设置用户权限、管理数据库、手工设置和修改规则、处理报警和浏览、打印数据等。

（二）入侵检测的系统划分

根据不同的分类标准，入侵检测系统可分为不同的类别。对于入侵检测系统要考虑的因素（分类依据）主要有数据源、入侵、事件生成、事件处理以及检测方法等。

1. 依据数据源划分

入侵检测系统要对所监控的网络或主机的当前状态做出判断，需要以原始数据中包含的信息为基础。按照原始数据的来源，可以将入侵检测系统分为基于主机的入侵检测系统、基于网络的入侵检测系统和基于应用的入侵检测系统等类型。

（1）基于主机的入侵检测系统。基于主机的入侵检测系统主要用于保护运行关键应用的服务器，它通过监视与分析主机的审计记录和日志文件来检测入侵，日志中包含发生在系统上的不寻常活动的证据，这些证据可以指出有人正在入侵或已成功入侵了系统。通过查看日志文件，能够发现成功的入侵或入侵企图，并启动相应的应急措施。

一般情况下，基于主机的入侵检测系统可检测系统、事件、Windows NT 下的安全记录，及 UNIX 环境下的系统记录，从中发现可疑行为。当有文件发生变化时，入侵检测系统将新的纪录条目与攻击标记相比较，看它们是否匹配。如果匹配，系统就会向管理员报警。对关键系统文件和可执行文件的入侵检测的一个常用方法是通过定期检查校验和来进行的，以便发现意外的变化。反应的快慢与轮询间隔的频率有直接的关系。此外，许多入侵检测系统还能够监听主机端口的活动，并在特定端口被访问时向管理员报警。

（2）基于网络的入侵检测系统。基于网络的入侵检测系统主要用于实时监控网络关键路径的信息，它能够监听网络上的所有分组，并采集数据以分析可疑现象。基于网络的入侵检测系统使用原始网络包作为数据源，通常利用一个运行在混杂模式下的网络适配器来实时监视，并分析通过网络的所有通信业务。基于网络的入侵检测系统可以提供许多基于主机的入侵检测法无法提供的功能。许多客户在最初使用入侵检测系统时，都配置了基于网络的入侵检测。

（3）基于应用的入侵检测系统。基于应用的入侵检测系统是基于主机的入侵检测系统的一个特殊子集，其特性、优缺点与基于主机的入侵检测系统基本相同。由于这种技术能够更准确地监控用户某一应用行为，所以在日益流行的电子商务中越来越受到注意。

这三种入侵检测系统具有互补性。基于网络的入侵检测能够客观地反映网络活动，特别是能够监视到系统审计的盲区；而基于主机和基于应用的入侵检测能够更加精确地监视系统中的各种活动。

2. 依据检测原理划分

根据系统所采用的检测方法，将入侵检测分为异常入侵检测和误用入侵检测两类。

（1）异常入侵检测。异常入侵检测是指能够根据异常行为和使用计算机资源的情况检测入侵。一场检测基于这样的假设和前提：用户活动是有规律的，而且这种规律是可以通过数据有效地描述和反映；入侵时异常活动的子集和用户的正常活动有着可以描述的明显的区别。异常监测系统先经过一个学习阶段，总结正常的行为的轮廓成为自己的先验知识，系统运行时将信息采集子系统获得并预处理后的数据与正常行为模式比较，如果差异不超出预设阈值，则认为是正常的，出现较大差异即超过阈值则判定为入侵。

（2）误用入侵检测。误用入侵检测是指利用已知系统和应用软件的弱点攻击模式来检测入侵。与异常入侵检测不同，误用入侵检测能直接检测不利或不可接受的行为，而异常入侵检测则是检查出与正常行为相违背的行为。

3. 依据体系结构划分

按照体系结构，入侵检测系统可分为集中式、等级式和协作式三种。

(1) 集中式。集中式入侵检测系统包含多个分布于不同主机上的审计程序，但只有一个中央入侵检测服务器，审计程序把收集到的数据发送给中央服务器进行分析处理。这种结构的入侵检测系统在可伸缩性、可配置性方面存在致命缺陷。随着网络规模的增加，主机审计程序和服务器之间传送的数据量激增，会导致网络性能大大降低；一旦中央服务器出现故障，整个系统就会陷入瘫痪。此外，根据各个主机不同需求配置服务器也非常复杂。

（2）等级式。在等级式（部分分布式）入侵检测系统中，定义了若干个分等级的监控区域，每个入侵检测系统负责一个区域，每一级入侵检测系统只负责分析所监控区域，然后将当地的分析结果传送给上一级入侵检测系统。这种结构的问题：①当网络拓扑结构改变时，区域分析结果的汇总机制也需要做相应的调整；②这种结构的入侵检测系统最终还是要把收集到的结果传送到最高级的检测服务器进行全局分析，所以系统的安全性并没有实质性的改进。

（3）协作式。协作式（分布式）入侵检测系统将中央检测服务器的任务分配给多个基于主机的入侵检测系统，这些入侵检测系统不分等级，各司其职，负责监控当地主机的某些活动，可伸缩性、安全性都得到了显著的提高，但维护成本也相应增大，并且增加了所监控主机的工作负荷，如通信机制、审计开销、踪迹分析等。

4. 依据工作方式划分

入侵检测系统根据工作方式可分为离线检测系统和在线检测系统。

（1）离线检测系统。离线检测系统是一种非实时工作的系统，在事件发生后分析审计事件，从中检查入侵事件。这类系统的成本低，可以分析大量事件，调查长期的情况；但由于是在事后进行，不能对系统提供及时的保护，而且很多入侵在完成后都会将审计事件删除，因而无法审计。

（2）在线检测系统。在线检测对网络数据包或主机的审计事件进行实时分析，可以快速响应，保护系统安全；但在系统规模较大时，难以保证实时性。

5. 依据系统其他特征划分

作为一个完整的系统，其系统特征同样值得认真研究。一般来说可以将以下一些重要特征作为分类的考虑因素。

（1）系统的设计目标。不同的入侵检测系统有不同的设计目标。有的只提供记账功能，其他功能由系统操作人员完成；有的提供响应功能，根据所做出的判断自动采取相应的措施。

（2）事件生成收集的方式。根据入侵检测系统收集事件信息的方式，可分为基于事件的和基于轮询的两类：基于事件的方式也称为被动映射，检测器持续地监控事件流，事件的发生激活信息的收集；基于轮询的方式也称为主动映射，检测器主动查看各监控对象，以收集所需信息，并判断一些条件是否成立。

（3）检测时间（同步技术）。根据系统监控到事件和对事件进行分析处理之间的时间间隔，可分为实时和延时两类，有些系统以实时或近乎实时的方式持续地监控从信息源收集来的信息；而另一些系统在收集到信息后，要隔一定的时间后才能进行处理。

（4）入侵检测响应方式。根据入侵检测响应方式不同，可分为主动响应和被动响应。被动响应型系统只会发出告警通知，将发生的不正常情况报告给管理员，本身并不试图降低所造成的破坏，更不会主动地对攻击者采取反击行动。主动响应系统可以分为两类：对被攻击系统实施控制和对攻击系统实施控制。对攻击系统实施控制比较困难，主要采用对被攻击系统实施控制，通过调整被攻击系统的状态，阻止或减轻攻击影响，例如断开网络连接、增加安全日志、杀死可疑进程等。

（5）数据处理地点。审计数据可以集中处理，也可以分布处理。

上述不同的分类方法可以从不同的角度了解、认识入侵检测系统，或者认识入侵检测系统所具有的不同功能。实际上，入侵检测系统常常要综合采用多种技术，具有多种功能，因此很难将一个实际的入侵检测系统归于某一类，它们通常是这些类别的混合体，某个类别只是反映了这些系统的一个侧面。

（三）入侵检测的主要步骤

入侵检测通过执行任务来实现：监视、分析用户及系统活动；系统构造和弱点的审计；识别反映已知进攻的活动模式并向相关人士报等；异常行为模式的统计分析；评估重要系统和数据文件的完整性；操作系统的审计跟踪管理，并识别用户违反安全策略的行为。

入侵检测的一般步骤包括信息收集和信息检测分析。

1. 信息收集

网络入侵检测的第一步是信息收集，内容包括系统、计算机网络、数据及用户活动的状态和行为。而且，需要在计算机网络系统中的若干不同关键点（不同网段和不同主机）收集信息。这除了尽可能扩大检测范围的因素外，还有一个重要的因素就是从一个信息源来的信息有可能看不出疑点，但从几个源来的信息的不一致性却是可疑行为或入侵的最好标识。入侵检测很大程度上依赖于收集信息的可靠性和正确性。入侵检测利用的信息一般来自以下四方面：

（1）系统和计算机网络日志文件。入侵者经常在系统日志文件中留下他们的踪迹，因此充分利用系统和计算机网络日志文件信息是检测入侵的必要条件。日志文件中记录了各种行为类型，每种类型又包含不同的信息，例如记录“用户活动”类型的日志就包含登录、用户 ID 改变、用户对文件的访问、授权和认证信息等内容。通过查看日志文件，能够发现成功的入侵或入侵企图，并很快地启动相应的应急响应程序。

（2）目录和文件中不期望的改变。计算机网络环境中的文件系统包含很多软件和数据文件，其中含有重要信息的文件和私有数据文件经常是攻击者修改或破坏的目标。目录和文件中不期望的改变（包括修改、创建和删除），特别是那些正常情况下限制访问的，很可能就是一种入侵产生的指示和信号。攻击者经常替换、修改和破坏他们获得访问权的系统中的文件，同时为了隐藏系统中他们的表现及活动痕迹，都会尽力去替换系统程序或修改系统日志文件。

（3）程序执行中的不期望行为。计算机网络系统中的程序一般包括操作系统、计算机网络服务、用户启动的程序和特定目的的应用。每个在系统上执行的程序由一到多个进程实现，而每个进程又在具有不同权限的环境中执行，这种环境控制着进程可访问的系统资源、程序和数据文件等。一个进程的执行行为由它运行时执行的操作来表现，操作执行的方式不同，它利用的系统资源也就不同。一个进程出现了不期望的行为，表明可能有人正在入侵该系统。入侵者可能会将程序或服务的运行分解，从而导致它失败，或者是以非用户或管理员意图的方式操作。

（4）物理形式的入侵信息。物理形式的入侵信息包括两方面的内容：一是未授权地对计算机网络硬件的连接；二是对物理资源的未授权访问。入侵者会想方设法去突破计算机网络的周边防卫，如果他们能够在物理上访问内部网，就能安装他们自己的设备和软件，进而探知网上由用户加上去的不安全（未授权）设备，然后利用这些设备访问计算机网络。

2. 信息检测分析

信息收集器将收集到的有关系统、计算机网络、数据及用户活动的状态和行为等信息传送到分析器，由分析器对其进行分析。分析器一般采用三种技术对其进行分析：模式匹配、统计分析和完整性分析。前两种方法用于实时的计算机网络入侵检测，而完整性分析用于事后的计算机网络入侵检测。

(1) 模式匹配。模式匹配就是将收集到的信息与已知的计算机网络入侵与系统误用模式数据库进行比较，从而发现违背安全策略的行为。该过程可以很简单（例如通过字符串匹配以寻找一个简单的条目或指令），也可以很复杂（例如利用正规的数学表达式来表示安全状态的变化）。该方法的一大优点是只需收集相关的数据集合，显著减轻了系统负担，且技术已相当成熟；与病毒防火墙采用的方法一样，检测的准确率和效率都相当高。但是，该方法的弱点就是需要不断地升级以对付不断出现的攻击手段，不能检测到从未出现过的攻击手段。

(2) 统计分析。统计分析方法首先给系统对象（例如用户、文件、目录和设备等）创建一个统计描述，统计正常使用时的一些测量属性（例如访问次数、操作失败次数和时延等）。测量属性的平均值将被用来与计算机网络、系统的行为进行比较，任何观察值在正常范围之外时，就认为有入侵发生。其优点是可检测到未知的入侵和更为复杂的入侵；缺点是误报、漏报率高，且不适应用户正常行为的突然改变。具体的统计分析方法有基于专家系统的分析方法、基于模型推理的分析方法和基于神经计算机网络的分析方法。

(3) 完整性分析。完整性分析主要关注某个文件或对象是否被更改。完整性分析利用强有力的加密机制（称为消息摘要函数），能够识别哪怕是微小的变化。其优点是不管模式匹配方法和统计分析方法能否发现入侵，只要是成功的攻击导致了文件或其他对象的任何改变，它都能发现。缺点是一般以批处理方式实现，不用于实时响应。尽管如此，完整性检测方法依然是维护计算机网络安全的必要手段之一。例如，可以在每天的某个特定时间内开启完整性分析模块，对计算机网络系统进行全面的扫描检查。

第二节　计算机虚拟专用网技术

虚拟专用网技术（Virtual Private Network，VPN）是建立在公用网络上的、由某一组织或某一群用户专用的通信网络。其虚拟性表现在任意一对 VPN 用户之间没有专用的物理连接，而是通过 ISP 提供的公用网络来实现通信的；其专用性表现在 VPN 之外的用户无法访问 VPN 内部的网络资源，VPN 内部用户之间可以实现安全通信。这里讲的 VPN 是指在 Internet 上建立的、由用户（组织或个人）自行管理的 VPN，而不涉及一般电信网中的 VPN。后者一般是指 X.25、帧中继或 ATM 虚拟专用线路。

VPN 是一种能够将物理上分布在不同地点的网络通过公用骨干网，尤其是 Internet 连接而成的逻辑上的虚拟子网。它提供了通过公用网络安全地对企业内部网络进行远程访问的连接。

一个网络连接通常由客户机、传输介质和服务器三部分组成。VPN 同样也由这三部分组成。不同的是，VPN 连接使用隧道（Tunnel）作为传输通道，这个信道是建立在公共网络或专用网络基础上的，如 Internet 或 Intranet。

VPN 服务器：接受来自 VPN 客户机的连接请求。

VPN 客户机：可以是终端计算机，也可以是路由器。

隧道：数据传输通道，在其中传输的数据必须经过封装。

VPN 连接：在 VPN 连接中，数据必须经过加密。

VPN 不是某个公司专有的封闭线路，也不是租用某个网络服务提供商提供的封闭线路，但 VPN 又具有专线的数据传输功能，VPN 能够像专线一样在公共网络上处理自己公司的信息。

一、虚拟专用网隧道协议与机制

（一）虚拟专用网的隧道协议

所谓隧道，实质上是一种数据封装技术，即将一种协议封装在另一种协议中传输，从而实现被封装协议对封装协议的透明性，保持被封装协议的安全特性。隧道协议作为一种网络互联的手段，被广泛应用于各种场合。使用 IP 协议作为封装协议的隧道协议称为 IP 隧道协议。为了透明传输多种不同网络层协议的数据包，可以采取两种方法：一种是先把各种网络层协议（如 IP、IPX 和 Appletalk 等）封装到数据链路层的点到点协议（PPP）帧里，再把整个 PPP 帧装入隧道协议里。这种封装方法封装的是网络协议栈数据链路层的数据包，称为“第二层隧道”。另一种方法是把各种网络层协议直接装入隧道协议中，由于封装的是网络协议栈第三层网络层协议数据包，所以称之为“第三层隧道”。

第二层隧道协议中以 Microsoft、3Com 和 Ascend 公司在 PPP 基础上开发的点到点隧道协议(Point to Point Tunnel Protocol,PPTP)较为典型，主要用于端到端的VPN解决方案。而 Cisco 公司提出的第二层转发协议（Layer 2 Forwarding,L2F）和第二层隧道协议（Layer 2 Tunndling Protocol，L2TP）主要用于基于路由器的虚拟专网组网方案中。它优于 PPTP 的一个优点是可以建立多点隧道，这使用户可以开通多个 VPN，以便同时访问 Internet 和企业网络。

第三层隧道协议主要有 IP 层安全协议（IP Security，IPSec)、移动 IP 协议和虚拟隧道协议（VIRTUAL Tunnel Protocol，VTP)。其中 IPSec 应用最为广泛，是事实上的网络层安全标准，不但符合现有 IPv4 的环境，同时也是 IPv6 的安全标准。

不同协议层次的隧道协议各有优缺点，因此将它们结合起来不失为虚拟专网完整的解决方案的一种考虑。例如，第二层隧道使用 IP 数据包的时候，充分利用 IPSec 所提供的功能来为数据包提供安全性保护。这样既能利用 IPSec 很强的加密性和可靠性，也能通过使用 PPP 获得高度的互操作性，以完成用户确认、隧道地址分配、多协议支持及广播支持。由于 L2TP 比 PPTP 具有更多的优点，可以考虑的组合方案为 L2TP/IPSec，采用该方案实现 VPN，可以将 L2TP 的远程访问能力和 IPSec 提供的安全功能结合起来，是一种更理想的选择。

由于数据的重新封装必然带来额外的开销，从而使得网络的总体性能受到影响。近来的建议提出一种压缩 L2TP/IPSec 包头的方法，有助于显著降低协议的额外开销，同时保持 L2TP 其余部分的优点，这代表了隧道协议的一种发展方向。

（二）虚拟专用网的 Qos 机制

通过隧道技术已经能够建立起一个具有安全性、互操作性的 VPN。但是该 VPN 性能上可能不稳定，管理上可能不能满足企业级的安全要求，这就要加入 Qos 机制。实行 Qos 应该在 VPN 隧道运行的网段。

不同的应用对网络通信有不同的要求，这些要求体现如下：

（1）带宽：网络提供给用户的传输率。

（2）反应时间：用户所能容忍的数据包传递时延。

（3）抖动：时延的变化。

（4）丢失率：数据包丢失的比率。

Qos 机制具有通信处理机制以及供应和配置机制。实现通信处理机制的协议体系包括 802.1p、区分服务、综合服务等。现在大多数局域网是基于 IEEE802 技术的，802.1p 为这些局域网提供了一种 Qos 的机制。

网络管理员基于一定的策略机制进行Qos配置。策略机制组成部分包括：策略数据(如用户名)、有权使用的网络资源、策略决定点、策略加强点以及它们之间的协议。传统的由上而下的策略协议包括网络管理协议（SNMP）、命令行接口、命令开放协议服务等。这些 Qos 机制相互作用使网络资源得到最大化利用，同时又向用户提供了一个性能良好的网络服务。

二、虚拟专用网的实现

Client-LAN和LAN-LAN是两种基本的VPN实现形式。前者实现用户安全的远程访问；后者既可用于组建安全的内联网，也可用于组建企业外联网络系统。

（一）Client-LAN

Client-LAN 与传统的远程访问网络相对应，故又称为 Access VPN。如果企业的内部人员移动、有远程办公需要，或者商家要提供 B2C 的安全访问服务，就可以考虑使用 Access VPN。

Access VPN 通过一个拥有与专用网络相同策略的共享基础设施，提供对企业内部网或外部网的远程访问，使用户随时随地以其所需的方式访问企业资源。Access VPN 使得拨号、ISDN、xDSL 和移动 IP 等接入方式的终端可以安全地连接到移动用户、远程工作者或分支机构。

Access VPN工作时，远程客户通过拨号线路连接到ISP的NAS上，经过身份认证后，通过公网与公司内部的 VPN 网关之间建立一个隧道，这个隧道实现对数据的加密传输。Access VPN 最适用于公司内部经常有流动人员远程办公的情况。出差员工利用当地 ISP 提供的 VPN 服务，就可以和公司的 VPN 网关建立私有的隧道连接。

Access VPN 对用户的吸引力在于以下方面：

（1）减少用于相关的调制解调器和终端服务设备的资金及费用，简化网络。

（2）实现以本地拨号接入来取代远距离接入或 800 电话接入，这样能显著降低远距离通信的费用。

（3）极强的可扩展性，简便地对加入网络的新用户进行调度。

（4）将工作重心从管理和保留运作拨号网络的工作人员转到公司的核心业务上来。

Access VPN 的核心技术是第二层隧道技术。第二层隧道协议具有简单、易行的优点，但是它们的可扩展性都不好。更重要的是，它们缺省情况都没有提供内在的安全机制，不能支持企业和企业的外部客户以及供应商之间会话的保密性需求，因此它们不支持用来连接企业内部网和企业的外部客户及供应商的企业外联网的概念。外联网需要对隧道进行加密，并需要相应的密钥管理机制。

（二）LAN-LAN

如果要进行企业内部各分支机构的互联或者企业的合作者互联，使用 LAN-LANVPN 是很好的方式。

越来越多的企业需要在全国乃至世界范围内建立各种办事机构、分公司、研究所等，而各个分公司之间传统的网络连接方式一般是租用专线。显然，在分公司增多、业务开展越来越广泛时，网络结构趋于复杂、费用昂贵。利用 VPN 特性可以在互联网上组建世界范围内的 LAN-LANVPN。利用互联网的线路可以保证网络的互联性，而利用隧道、加密等 VPN 特性可以保证信息在整个 LAN-LAN VPN 上安全传输。LAN-LAN VPN 通过一个使用专用连接的共享基础设施连接企业总部、远程办事处和分支机构，企业拥有与专用网络的相同政策，包括安全、服务质量、可管理型和可靠性。

LAN-LAN VPN 对用户的吸引力在于以下方面：

（1）减少 WAN 带宽的费用。

（2）能使用灵活的拓扑结构，包括全网络连接。

（3）新的站点能更快、更容易地被连接。

（4）通过设备供应商 WAN 的连接冗余，可以延长网络的可用时间。

LAN-LAN VPN 主要使用 IPSec 协议来建立加密传输数据的隧道，用于构建内联网时称为 Intranet VPN，用于企业和企业的合作者互联使用时称为 Extranet VPN，两者的区别在于后者往往结合 PKJ 使用。

三、虚拟专用网的分类

VPN 对物理网施加逻辑网技术，具有独立的拓扑逻辑，它利用互联网的公共网络基础设施，使用安全通信技术把互联网上两个专用网连接起来，提供安全的网络互廉服务。VPN 可以连接两个网络，一个主机与一个网络或者两个主机。它能够使运行在 VPN 上的商业应用享有几乎和专用网络同样的安全性、可靠性、优先级别和可管理性。VPN 的基本原理是利用隧道技术对数据进行封装，在互联网中建立虚拟的专用通路，使数据在具有认证和加密机制的隧道中穿越，从而实现点到点或者端到端的安全连接。降低成本是 VPN 在实现安全通信功能基础上的另一个目标。

1. 根据 VPN 技术不同方面的特性，可以将 VPN 分为三类：① VPDN（Virtual Private Dial Network）；② Intranet VPN；③ Extranet VPN。

2. 根据 VPN 隧道封装协议及隧道协议所在网络层次的不同，VPN 技术可以进行如下分类：

①第二层 VPN 技术。使用 L2F/L2TP、PPTP 等协议在 TCP/IP 协议栈链路层实现的 VPN 技术。

②第三层VPN技术。通过GRE、IPSec等协议在TCP/IP协议栈网络层实现的VPN技术。

③其他 VPN 技术。使用介于二、三层间的隧道协议，MPLS 实现的 VPN 系统，基于 SOCKS V5 的 VPN 等。最近流行将基于传输层 SSL 协议的安全技术称为 SSL VPO 的说法。

3. 根据 VPN 隧道技术使用的拓扑位置，VPN 技术可以分为如下两类：

①基于网络的 VPN。当隧道的两端为服务提供商边缘设备（在 Internet 环境下也称为 ISP 边缘路由器）时，1P 隧道采用节点之间以全连接或部分连接形式构成 IP VPN 的主干网，一般指由电信提供商提供 VPN 和 VPDN 服务。

②基于用户边缘设备的 VPN。当隧道的两端为 CE 设备（在 Internet 环境下称为用户前端设备路由器）时，隧道对 CE 采用全连接或部分连接就构成了基于 CE 的 VPN。其中，CE 可通过 ATM VCC、帧中继电路、DDN 专线等接入服务提供商网络。

此外，根据 VPN 实现方式的不同，还可进一步分为软件 VPN 和硬件 VPN 等。根据 VPN 的性能，可分为百兆 VPN 和千兆 VPN 等。

四、链路层虚拟专用网

构建 VPN 最直接的方法之一是使用传输系统和网络平台形成物理和链路层连接，链路层 VPN 更接近于类似传统专用网络系统的功能特性。在链路层实现的 VPN 技术主要包括以下方面:

第一，虚拟网络连接。传统的专用数据网络使用公共通信公司的专线电路域附加的私有通信基础设施（如路由器）相结合的方式构造一个完全自控的网络。当私有数据网络向专线电路私有边界延伸时，典型的情况是使用某种时分或频分多路复用在较大的公共通信基础设施上创建专线电路，这就是虚拟网络连接。在利用交换式公共网络基础设施获得规模经济和运行效益的同时，虚拟连接方式的链路层 VPN 仍可以维持自控网络这一基本特征。多个 VPN 可以在连接上共享同一基础设施，并在网络内部共享相同的交换组件，但显而易见，无论从直接还是从推理的角度看，各 VPN 之间是相互不可见的。提供虚拟网络连接的公共交换式网络或广域网的优点之一是灵活性。

第二，虚拟路由器。虚拟路由器通过对经过路由器本身的数据进行标记，以便将数据分组，与正确的 VPN 路由器的路由表进行匹配。链路层 VPN 的另一种模型是使用 RFC 1483 封装的在 ATM 上的多协议封装技术（MPOA，Multi-Protocol Over ATM）。在这一模型中，边缘路由器决定 ATM 交换网络中的转发路径，因为它们能判断出分组应转发到哪个出口点。在做出网络层可达性决策之后，边缘路由器将分组转发给特定的出口路由器制定的虚拟连接。由于这些出口路由器不能对跨越网际的目的地址使用地址解析协议，因而还需要依赖外部服务器实现 ATM 与 IP 地址之间的转换。这相当于在 ATM 上实现虚拟路由器。

第三，链路层隧道。链路层隧道指通过链路安全，可靠地发送网络数据是构建 VPN 系统的主要方法。构建隧道可以在网络的不同协议层次上实现。层次越低，VPN 系统对上层应用服务更为方便；层次越高，对应用的制约会越多。通常在网络层和链路层实现隧道技术。链路层隧道技术主要有两类：一种是基于远程拨号接入的隧道协议，包括 PPTP、L2F 和 L2TP 等；另一种是基于多协议标签交换的隧道技术，其中认证技术和加密技术是建立隧道所需的必要手段。

（一）拨号隧道技术

1.PPTP

PPTP 协议构建于 Internet 通信协议 PPP（Point-to-Point Protocol）和 TCP/IP 之上，PPP 提供认证、保密及数据压缩方法。PPTP 允许隧道保护 PPP 会话，通过一个已有的 IP 连接，而不管这个会话是如何建立的。可以将这个已有的 IP 连接看成是电话线，因此专用网可在公共网上运行。

PPTP 通过封装实现隧道技术，它将信息分组(IP、IPX 或 NetBEUI)包裹在 IP 分组中，再通过 Internet 传输。收到后，外面的 IP 分组被剥离，露出原始分组。封装允许传输不遵循 Internet 地址标准的分组。

PPTP 最大的优势是微软公司的支持。Windows NT 4.0 已经包含了 PPTP 客户机和服务器的功能。另外一个优势是它支持流量控制，可保证客户机与服务器间不拥塞，改善通信性能，最大限度地减少丢包和重发现象。PPTP 把建立隧道的主动权交给了客户，但客户需要在其主机上配置 PPTP，这样做除了增加用户的工作量，又会造成网络的安全隐患。此外，PPTP 仅工作于 IP，不具有隧道终点的验证功能，需要依赖用户的验证。

2.L2F

L2F 可以在很多介质（如 ATM、FR、IP）上建立多协议的安全 VPN 的通信方式。它将链路层的协议（如 HDLC、PPP、ASYNC 等）封装起来传送，因此网络的链路层完全独立于用户的链路层协议。

L2F 远程用户能够通过任何拨号方式接入公共 IP 网络。按常规方式拨号到 ISP 的接入服务器，建立 PPP 连接；接入服务器根据用户名等信息发起第二次连接，呼叫用户网络的服务器。这种方式下，隧道的配置和建立对用户是完全透明的。

设计 L2F 协议的初衷是对公司职员异地办公的支持。一个公司职员若因业务需要而离开总部，在异地办公时往往需要对总部某些数据进行访问。如果按传统的远程拨号访问，职员必须与当地 ISP 建立联系，并具有自己的账户，然后由 ISP 动态分配全球唯一的 IP 地址，才可能通过因特网访问总部数据。但是总部防火墙往往会对外部 IP 地址进行访问控制，这意味着该职员对总部的访问将受到限制，甚至不能进行任何访问。因此，使得职员异地办公极为不便。使用 L2F 协议进行虚拟拨号，情况就有所改观。它使得封装后的各种非 IP 协议或非注册 IP 地址的分组能在因特网上正常传输，并穿过总部防火墙，使得像 IP 地址管理、身份认证及授权等方面与直接本地拨号一样可控。

3.L2TP

像 PPTP 一样，L2TP 也是一个隧道协议，本质上不包含任何加密与认证机制。L2TP 结合了 Cisco 的二层转发协议 L2F（Layer 2 Forwarding）和 Microsoft 的 PPTP 两个协议的优点，具有更优越的特性，得到了越来越多组织和公司的支持，将是使用最广泛的 VPN 二层隧道协议。

L2TP 和 PPTP 的显著区别是 L2TP 融合了数据与控制信道，运行于 UDP 而不是 TCP 之上。UDP 是一种快速的瘦型协议，不重传丢失分组，用于实时 Internet 通信中的分组传送。PPTP 将数据与控制信道分开，控制流承载于 TCP 之上，数据流承载于 GRE 标准之上。融合控制和数据信道，使用性能高，UDP 使得 L2TP 比 PPTP 对防火墙更加友好。对于 Extranet 协议来说，这是一个关键性的优点，因为大多数防火墙不支持 GRE。

IETF 将 L2TP 定义成一种扩展 PPP 连接到企业网关的方法。PPP 连接使用 IP 在 LAC-LNS 之间进行隧道保护。L2TP 访问集中器 LAC（L2TP Acccess Concentrator）是连接的客户端，L2TP 网络服务器 LNS（L2TP Network Server）是服务器方。PPP 分组被封装在 L2TP 头中，后者又被封装在 IP 中，这些 IP 分组能像普通的 IP 数据一样穿过网络。当收到这样的一个分组时，LNS 使用 L2TP 头中的信息分离会话，解封 PPP 数据到本地网络。L2TP 给客户一种在 LAN 上的感觉，因此客户可以使用与 LAN 同样的协议，如 IPX、AppN、SNA 或 NetBIOS。

L2TP 协议将 PPP 帧封装后，可通过 IP、X.25 帧中继或 ATM 等网络进行传送。目前，仅定义了基于 IP 网络的 L2TP。在 IP 网络中，L2TP 使用 UDP 封装和传送 PPP 帧。L2TP 隧道协议可用于 Internet，也可用于其他企业专用 Intranet 中。

IP 网上的 L2TP 不仅采用 UDP 封装用户数据，还通过 UDP 消息对隧道进行维护。PPP 帧的有效载荷可以经过加密、压缩或者两者的混合处理。L2TP 隧道维护控制消息和隧道化用户传输数据具有相同的包格式。

（二）标签隧道技术

标签隧道技术是以 MPLS 为基础的 VPN 隧道技术。由于 MPLS 允许作为不同的链路层技术的交换技术，像同层 VPN 技术一样运行，并处于第二层的传输和交换环境当中，因此我们将 MPLS 看作第二层 VPN 隧道技术。MPLS 的主要观点就是为每个包分配一个固定长度的短标签，根据这些简单标签来决定数据如何转发。与此形成鲜明对比的是传统的 IP 路由，传统的第三层 IP 路由包含了对每个包非常复杂的转发分析，每个路由器都对第三层包头中的转发信息进行处理，然后根据路由表来决定下一步的转发目的。

在 MPLS 中只对第三层的信息进行一次详细的分析，这个工作在网络边缘的标签交换路由器（LSR）上进行，只有那些具有固定长度标签的数据包被发送，在网络的另一端，客户的边缘路由器从数据包头中取出正确的标签信息。转化决定可以在对固定长度标签的一次查询中得到，这就是 MPLS 最关键的技术。

MPLS VPN 不依靠封装和加密技术，而是依靠转发表和数据包的标签来创建一个安全的 VPN3。每个 VPN 对应一个 VPN 路由 / 转发实例（VRF）。一个 VRF 定义了同 PE 路由器相连的客户站点的 VPN 成员资格。一个 VRF 数据包括 IP 路由表，一个派生的 CEF(Cisco Express Forwarding）表。一套使用转发表的接口，一套控制路由表中信息的规则和路由协议参数。一个站点可以且仅能同一个 VRF 相联系。一个 MPLS 网络可以支持成千上万个 VPN，每个 MPLS VPN 网络的内部由供应商设备组成。这些设备构成了 MPLS 核，且不直接同 CE 路由器相连。围绕在供应商设备周围的供应商边缘路由器可以让 MPLS VPN 网络发挥 VPN 的作用。

五、网络层虚拟专用网

TCP/IP 协议的网络层（第三层）实现了 Internet 上任何两个主机之间的点对点通信，因此在第三层实现 VPN 技术可以兼顾用户的透明需求和技术实现的简单性。在第三层实现 VPN 的最主要、最成功的技术就是基于 IPSec 协议体系的技术。GRE 和 IPSec 是另外两个有特点的第三层 VPN 解决方案。GRE 给出了如何将任意类型的网络层分组封装入另外任意一种网络层分组的协议。它忽略了不同网络之间的细微差别，因此具有连通性。GRE 的另一特点是它是一种基于策略路由的封装。

GRE 的隧道由其源 IP 地址和目的 IP 地址来定义，它允许用户使用 IP 去封装 IP、IPX、Appletalk，并支持全部的路由协议，如 RIP、OSPF、IGRP 等。GRE 只提供了数据包的封装，并没有加密功能来防止网络侦听和攻击。所以在实际环境中，它常和 IPSec 在一起使用，由 IPSec 提供更好的安全性。

（一）IPSec 安全协议

互联网协议安全（Internet Protocol Security，IPSec）是一个开放的、基于标准的网络层安全协议，用于保护 IP 数据包。它提供标准的、健壮的、可扩展的机制，为 IP 和上层协议（如 UDP 或 TCP）提供安全。IPSec 定义了一种方法，指明要保护的通信、怎样保护及通信目的地。IPSec 能保护主机之间、网络安全网关（防火墙、路由器）之间或主机与安全网关之间的分组。因为 IPSec 数据包本身就是一个普通的 IP 分组，因此可以嵌套安全服务，提供主机间的端 - 端（end-to-end）认证，通过隧道（由使用 IPSec 的安全网关保护）发送 IPSec 保护的数据。

为了保护 IP 数据包或上层协议，可使用 IPSec 协议中的一种：封装安全载荷（Encapsulation Security Payload，ESP）或认证头 AH。

（1）数据源认证确保收到的数据与发送的数据相同及接收方知道是谁发送的数据。

（2）数据完整性保证传输的数据未被篡改。

（3）中继保护提供局部序列完整性。

（4）数据保密性保证非法用户不能阅读发送的数据（由加密算法实现）。

因为 ESP 提供 AH 的全部功能，并增加了用户可选的数据保密性（加密），那为什么还要使用 AH? 这是在安全界引起争论的话题。这两个协议的一个微妙区别是认证的覆盖范围不同：IPSec 提供的安全服务要求通信双方具有相同的密钥以执行认证与保密性。必须提供人工为这些服务注入密钥的机制，以确保基本 IPSec 协议的互操作性。当然，人工密钥注入方法可扩展性很差，因此定义了一种标准方法，可以动态认证 IPSec 通信双方、协商安全服务及产生公共密钥，这个 IPSec 密钥管理协议称为因特网密钥交换（Internet Key Exchange，IKE）。

（二）IPSec 使用模式

IPSec 有两种使用模式，分别是传输模式和隧道模式。传输模式保护上层协议，隧道模式保护整个 IP 数据包。在传输模式下，在 IP 头和上层协议头之间插入一个 IPSec 头；在隧道模式下，整个要保护的 IP 分组被封装在另外一个 IP 数据包中，在外层 IP 头与内层 IP 头之间插入一个 IPSec 头。两个 IPSec 协议（AH 和 ESP）都可以在传输模式或隧道模式下操作。

IPSec 传输模式提供端—端 IP 通信安全，隧道模式主要为安全网关(路由器或防火墙)设计，用来保护 IPSec 隧道中的其他 IP 通信的安全。两种模式都要使用 IKE 在通信双方之间执行复杂的安全协商，通常使用 PKI 证书来进行相互的身份验证。

为了正确地封装和解封 IPSec 分组，必须将安全服务、加密密钥与要保护的 IP 通信及 IPSec 通信的接收方联系起来。这样的一个结构称为安全联盟（SA）。IPSec SA 是单向的，定义一个方向的安全服务，或者是实体收到的进入分组，或者是实体发出的外出分组。SA 由安全参数索引 SIM（Security Parameter Index，存在于 IPSec 协议头中）、IPSec 协议值及 SA 应用的目的地址唯一标定。SA 成对出现，每个方向一个，可人工建立或通过 IKE 动态建立。当动态建立时，SA 有一个由 IPSec 通信双方通过 IKE 协商的生命期。生命期是重要的，因为一个密钥保护的通信量，或者说一个密钥存在的时间必须认真管理。同一密钥的过度使用可能会给攻击者一个进入网络的切入点。IPSec SA 指定：

（1）AH 的模式及认证算法（散列函数）的密钥。

（2）ESP 的模式及加密与认证算法（散列函数）的密钥。

（3）用于通信认证的协议、算法和密钥。

（4）用于通信加密的协议、算法和密钥。

（5）加密同步方法。

（6）密钥变化间隔。

（7）密钥存活时间（有效期）。

（8）SA 本身的存活时间（有效期）。

（9）SA 源地址。

（三）IPSec 与 IPv6

伴随着 Internet 的快速发展，我们越来越离不开网络，但同时其安全机制的缺陷也开始暴露。近年来，黑客及不法分子对 Internet 的攻击数不胜数，主要原因是目前的 Internet 协议中存在着很多的安全漏洞。IPv6 是为解决现行 IP 协议中存在的问题而提出来的新版本 IP 协议。IPv6 与 IPv4 相比有以下特点：

（1）更大的地址空间。IPv4 中规定 IP 地址长度为 32，而 IPv6 中 1P 地址的长度为

128，夸张点说就是，如果IPv6被广泛应用以后，全世界的每一粒沙子都会有相对应的一个IP地址。

（2）更小的路由表。IPv6的地址分配一开始就遵循聚类的原则，这使得路由器能在路由表中用一条记录表示一片子网，大大减小了路由器中路由表的长度，提高了路由器转发数据包的速度。

（3）增强的组播支持以及对流的支持。这使得网络上的多媒体应用有了长足发展的机会，为服务质量（QoS）控制提供了良好的网络平台。

（4）加入了对自动配置的支持。

（5）更高的安全性。在使用IPv6网络中，用户可以对网络层的数据进行加密并对IP报文进行校验，这极大地增强了网络安全。

（6）增加了扩展项和可选项。

（7）提供了认证和保密功能。

IPSec协议是IPv6的一个组成部分，也是IPv4的一个可选扩展协议。IPv6的安全机制是通过IPSec的AH、ESP机制以及相关秘钥管理协议来实现的。IPv6安全性依赖于IPSec的安全性。

六、虚拟专用网的安全性

根据用户是否信任运营商以及用户数据的安全敏感程度，用户可以选择由运营商提供安全性保障，也可以选择由自己实施安全性保障。

（一）IPSec的安全性

IPSec是专门为IP提供安全服务设计的一种协议（其实是一个协议族）。IPSec可有效保护IP数据包的安全，所采取的具体保护形式包括：数据源验证；无连接数据的完整性验证；数据内容的机密性保护；抗重播保护等。

使用IPSec协议中的认证头协议和封装安全载荷协议，可以对上层协议（如UDP和TCP）进行保护，这种保护由IPSec两种不同的工作模式（分别对应隧道模式和传输模式）来提供。其中AH可以验证数据的起源、保障数据的完整性以及防止相同数据包的不断重播。ESP除具有AH的所有功能之外，还可选择保障数据的机密性，以及为数据流提供有效的机密性保障。

AH和ESP协议根据安全联盟（SA）规定的参数为IP数据包提供安全服务。SA可以手工建立，也可以自动建立。IKE就是IPSec规定的一种用来自动管理SA的协议。IKE的实现可支持协商VPN，也可支持IP地址事先并不知道的远程接入。IKE必须支持协商方不是SA协商发生的端点的客户协商模式，这样可以隐藏端方身份。

虽然到目前为止，全球安全专家普遍认为IPSec是最安全的IP协议，但也并非全是赞美之词，最主要的批评是它的复杂性，因为系统复杂性是系统安全的主要威胁之一。IPSec有两个运行模式：传输模式和隧道模式。IPSec有两个安全协议：AH和ESP，其中 AH 提供认证，ESP 提供认证和 / 或加密。这导致了额外的复杂性，即打算认证一个包的两台机器之间的通信总共有四种模式可供选择：传输 /AH、隧道 /AH、空加密的传输 / ESP 以及空加密的隧道 /ESP，这些选择之间的功能和性能差别都很小（因此没有太大实际意义）。产生这种问题的原因是 IPSec 是多个国家的安全专家经过多年的研究和讨论后折中的产物。因此有安全专家已经提出安全协议的设计原则应是多家竞争，择优使用，正如 AES（高级加密标准）那样。

ATM/ 帧中继 VPN 的“专用”性体现在虚电路连接的是一组闭合的用户或社区，安全性保证主要来自它的“闭合用户群（CUG）”的特性，假设运营商不会错误（恶意）配置而导致数据传递错误，不会监听用户的流量，不会不经过授权就进入用户网络，不会被修改，不会被非授权方进行流量分析等，根本不提供认证和加密等安全服务（当然如果用户需要传递特别敏感的数据等，通常需要采用用户自己实施的链路加密等方法）。而对于 IPSec VPN，连接的也是一组闭合的用户或社区，但这时提供的安全服务还包括认证和加密等。因此可以这样认为，IPSec 能比传统的 ATM/ 帧中继 VPN 提供更强的安全服务，是目前为止最为安全的 VPN 技术。

（二）MPLS 的安全性

MPLS 为每个 IP 包加上一个固定长度的标签，并根据标签值转发数据包。MPLS 实际上就是一种隧道技术，所以使用它来建立 VPN 隧道十分容易而高效。由于 MPLS 技术本身就非常新，因此这里对 MPLS VPN 的安全性从多方面做了一个较为详细的、同时适用于 BGP 方式和虚拟路由器方式的实现的分析和介绍。从下面的分析可以得出这样的结论：MPLS VPN 采用路由隔离、地址隔离和信息隐藏等多种手段提供了抗攻击和标记欺骗的手段，完全能够提供与传统的 ATM 或帧中继 VPN 相类似的安全保证。

（1）路由隔离。MPLS VPN 实现了 VPN 之间的路由隔离。每个 PE 路由器为每个所连接的 VPN 都维护一个独立的虚拟路由转发实例（VFI），每个 VFI 驻留来自同一 VPN 的路由（静态配置或在 PE 和 CE 之间运行路由协议）。每个 VPN 都产生一个独立的 VFI，因此不会受到该 PE 路由器上其他 VPN 的影响。

在穿越 MPLS 核心到其他 PE 路由器时，这种隔离是通过为多协议 BGP（MP-BGP）增加唯一的 VPN 标志符（比如路由区分器）来实现的（这是在 BGP 方式下，虚拟路由的方式与此类似）。MP-BGP 穿越核心网专门交换 VPN 路由，只把路由信息重新分发给其他 PE 路由器，并保存在其他 PE 的特定 VPN 的 VFI 中，而不会把这些 BGP 信息重新分发给核心网络。因此穿越 MPLS 网络的每个 VPN 的路由是相互隔离的。

（2）隐藏 MPLS 核心结构。出于安全考虑，运营商和终端用户通常并不希望把它们的网络拓扑暴露给外界，这可以使攻击变得更加困难。如果知道了 IP 地址，一个潜在的攻击者至少可以对该设备发起 DoS 攻击。但由于使用了“路由隔离”，MPLS 不会将不必要的信息泄露给外界，甚至是客户。

（三）SSL VPN 的安全性

由于 SSL 协议本身就是一种安全技术，因此 SSL VPN 就具有防止信息泄露、拒绝非法访问、保护信息的完整性、防止用户假冒、保证系统的可用性等特点，能够进一步保障访问安全，从而扩充了安全功能设施。首先，SSL VPN 可以实现 128 位数据加密，保证数据在传输过程中不被窃取，确保 ERP 数据传输的安全性；其次，多种认证和授权方式的使用能够只让合法的用户访问内部网络，从而保护了企业内部网络的安全性。

SSL 安全通道是在客户与所访问的资源之间建立的，确保端到端的真正安全，无论在内部网络还是在因特网上数据都是不透明的。客户对资源的每一次操作都需要经过安全的身份验证和加密。

SSLVPN 的安全性前面已经讨论过，与 IPSecVPN 相比较，SSLVPN 在防病毒和防火墙方面有它特有的优势。

一般企业在 Internet 联机入口，都是采取适当的防毒侦测措施。不论是 IPSec VPN 或 SSL VPN 联机，对于入口的病毒侦测效果是相同的，但是比较从远程客户端入侵的可能性，就会有所差别。采用 IPSec 联机，若是客户端计算机遭到病毒感染，这个病毒就有机会感染到内部网络所连接的每台计算机。而对于 SSLVPN 的联机，病毒传播会局限于这台主机，而且这个病毒必须是针对应用系统的类型，其他类型的病毒是不会感染到这台主机的。因此通过 SSLVPN 连接，受外界病毒感染的可能性大大减小。

此外，在 TCP/IP 的网络架构上，各式各样的应用系统会采取不同的通信协议，并且通过不同的通讯端口来作为服务器和客户端之间的数据传输通道。以Internet Ftp系统来说，通讯端口一般采用 21 端口，若是从远程计算机来联机 Ftp 服务器，就必须在防火墙上开放 21 端口。在防火墙上，每开启一个通讯埠，就多一个黑客攻击机会。IPSecVPN 联机就会有这个困扰和安全顾虑。反观 SSLVPN 就没有这方面的困扰。因为在远程主机与 SSL VPN 网关之间，采用 SSL 通讯端口 443 来作为 Web Server 对外的数据传输通道，因此，无须在防火墙上做任何修改，也不会因为不同应用系统的需求而修改防火墙的设定。如果所有后台系统都通过 SSL VPN 的保护，那么在日常办公中防火墙只开启一个 443 端口就可以了，从而减少内部网络受外部黑客攻击的可能性。

七、虚拟专用网的技术发展与应用

（一）虚拟专用网技术发展

通过对 VPN 技术系统的学习，我们了解到安全与服务质量是 VPN 技术的根本保障。用户的需求推动 VPN 技术的发展和广泛应用，这意味着在网络应用日益普及的今天，VPN 技术的发展将更具多样性、灵活性，技术服务与需求也趋向紧密结合。下面是 VPN 技术发展的一些方向。

（1）QoS 技术在 VPN 技术中的体现。为保证虚拟网络传输的安全性，加密是 VPN

技术必须采用的手段之一，而加密的处理带来的代价就是网络服务质量的下降。如何在保证安全的情况下，提高 VPN 技术的服务质量保证是 VPN 技术发展的主要方向之一。

（2）无线 VPN 技术的发展。相比有线网络系统来说，无线网络系统对安全的要求更高、更普遍。无线 VPN 技术是 VPN 在无线网络迅速普及情况下必然的发展方向。

（3）IPSec 的广泛应用。虽然 IPSec 确实存在各种各样的安全隐患，但是 IPSec 良好的兼容性和可扩展性对用户还是具有极大的吸引力的。改造、优化 IPSec 部分协议，满足特别的商业目的，往往是一个不错的方案。目前，防火墙产品中集中的 VPN 多数使用的是 IPSec 协议，IPSec 技术在中国处于蓬勃发展的状态。

（4）MPLS VPN蓬勃发展。MPLS VPN能够利用公用骨干网络广泛而强大的传输能力，降低企业内部网络的建设成本，极大地提高用户网络运营和管理的灵活性，同时能够满足用户对信息传输安全性、实时性、方便性的要求。

（5）VPN 管理有待加强。为有效地管理 VPN 系统，网络管理人员应该能够随时跟踪和掌握以下情况：系统的使用者、连接数目、异常活动、出错情况以及其他预示设备可能故障或网络受到攻击的现象。日志记录和实时信息对计费、审计和报警或其他错误提示具有很大帮助。对设备进行实时检测可以在系统出现问题时及时向管理员发出警告。一台隧道服务器应当能够提供以上所有信息以及对数据进行正确处理所需要的事件日志、报告和数据存储设备。随着市场应用的扩大，VPN 的管理有待进一步加强。

（二）虚拟专用网技术应用

1. 数据传输过程中的应用

各个局域网络想要实现信息的传输，就需要借助虚拟网络技术的辅助。通过虚拟网络技术，将各个局域网进行连接，建立起统一化、标准化的系统，从而实现各个网络之间的信息交流。建立标准的管理系统之后，同样可以采用虚拟网络技术对这一系统进行统一的管理。例如，通过特定的设置，可以实现数据的高速传输，同时兼顾数据的保密；建立更加成熟的网络架构，保证传输过程中的稳定性和数据的有序；通过对密钥和防火墙的特殊设定，辅助两种技术，并将其融合，进一步保证数据传输的安全性和保密性。

2. 用户对接过程中的应用

计算机网络的普通用户同样注重网络的安全性。同时，普通用户往往容易在安全问题上出现漏洞。提高计算机网络的安全系数，可以使用户自由与企业、部门进行对接，建立安全、系统的纽带，加强用户与外界的交流，实现信息共享，进一步开拓可以利用的资源。对于普通的用户而言，常用的技术包括以下三种：

（1）选择特定的传输路径。如果用户与企事业单位进行沟通、协作，往往需要涉及对传输路径的使用。为了降低风险，则可以为计算机选择并确定特定的传输路径。在特定的路径之中，数据的分享和传输更加可控，可以保证安全性和稳定性。

(2) 采取验证信息。在信息术语中，所谓验证即为对代码的一种验证和检查。在设备中预先设定特定的规则集，并在信息传输和数据分享的过程中，对接收的代码进行验证，查证是否与预先设定的相符合。采取相对验证信息，并随时跟随系统进行更新，可以消除部分安全隐患。实际应用中，验证信息往往被系统程序简化之后呈现给用户，使得个人用户也能自由使用。因此，应当采取相对复杂的验证信息，提高其安全系数；为了避免验证信息的泄露，企、事业单位还会定期对验证信息进行更换，并尽量减少各次验证信息的规律，同时还可以安排专职人员对此进行直接负责，同时采取多项举措，从而减少信息被盗用的风险。

(3) 选择有保障的客户端。客户端可以为用户提供计算机本地服务，对本地应用程序进行运用。客户端与服务器相对应，二者相结合才可以对本地之外的应用程序进行使用。客户端即 work station，即工作站，当它处在服务器的监管之下时，即可享受网络上的各类信息资源。便捷的同时，也带来了安全隐患，因此，选择安全系数高、管理系统科学的客户端，可以保证资源的安全、传输过程中的稳定，同时还可以方便数据和文件资源的重复查找、储存、随时利用，提高工作效率。

3. 单位工作对接过程中的应用

企、事业单位，以及其内部部门之间也都可以借助虚拟网络技术，保证数据信息的安全传输，并对工作内容进行更有效的把控。对于事业单位而言，其工作的保密性尤为重要，信息资源的泄露很有可能带来严重的后果；对于企业而言，信息数据被盗取，可能会蒙受巨大的损失。因此，尤其需要通过虚拟网络技术，构建严密的网络架构。同时，目前绝大多数的企业都选择通过计算机网络技术，进行信息和文件的传输以及内部的共享。借助虚拟技术，将各个单位和企业的各个部门进行连接，将各个单独用户连接入系统之中，构建系统并形成统一的管理模式，专门管理、统一监管网络信息安全并随时进行更新和调整，保证整体的网络安全并提高信息交换效率和工作效率。

第三节　计算机病毒及其防范技术

“随着现代社会经济的快速发展，计算机在各个领域都得到了广泛的应用，伴随而来的计算机病毒问题，成为人们最担心的问题。”计算机病毒严重威胁人们的计算机系统，它潜伏在计算机系统资源之中，当满足破坏条件时便进行破坏行为，当满足传染条件时便感染其他系统并伺机破坏。计算机技术与计算机网络技术的发展，对计算机病毒的发展起到了推波助澜的作用。计算机病毒也从破坏软盘、磁盘和光盘等的单机病毒发展为破坏局域网、互联网甚至使整个网络瘫痪的网络病毒。纵观计算机病毒的发展历程，不难发现，新技术的出现总会催生出新型计算机病毒，而新型计算机病毒的传播和流行又会促进反病毒技术的更新和发展。

一、计算机病毒的基本特征

（一）程序性特征

计算机病毒与其他合法程序一样，是一段可执行程序，但它不是一个完整的程序，而是寄生在其他可执行程序上，因此它享有一切程序所能得到的权力。在病毒运行时，与合法程序争夺系统的控制权。只有病毒在计算机内得以运行时，才具有感染性和破坏性等活性。

（二）感染性特征

计算机病毒的感染性（传染性）是指病毒具有把自身复制到其他程序中的特性，感染性是病毒的根本属性，也是判断一个可疑程序是否是病毒的主要依据，这一点与生物病毒的特点相似。

当计算机在正常程序控制下运行时，系统运行是稳定的。在计算机上查看病毒文件名、病毒代码，甚至拷贝病毒文件，病毒都不会被激活。为了达到感染、破坏的目的，病毒必须取得系统的控制权。这样，系统每执行一次操作，病毒就有机会执行它预先设计的工作，完成病毒代码的传播或破坏活动。

计算机病毒有自己的标志，当染毒程序运行时，病毒随着合法的程序进入计算机系统，监视计算机的运行，一旦发现某个程序没有自己的标志，也就是说没有被感染，就立刻发起攻击；也有些病毒不管程序有没有被自己感染过，只要有机会就发起攻击，形成重复感染。病毒代码就是靠这种机制大量传播和扩散的。携带病毒代码的文件称为病毒载体或带毒程序。每一台染毒的计算机，本身既是病毒的受害者，又是病毒的传播者，通过各种可能的渠道，如软盘、光盘、活动硬盘、网络去传染其他的计算机。如果计算机已经联网，通过资料或程序共享，病毒就可以迅速传染与之相连的计算机，若不加控制，就会在很短时间内传遍整个网络世界。

（三）破坏性特征

计算机病毒的破坏性是指病毒破坏文件或数据库资料，甚至破坏主板，干扰系统的正常运行，病毒的破坏性只有在病毒发作的时候才体现出来。

病毒的破坏行为可以是不同程度的损坏，它取决于病毒制造者的目的和技术水平。一些病毒只是干扰系统的运行，如干扰屏幕显示、降低机器的运行速度；有一些病毒却能给计算机系统造成不可恢复的破坏，如将用户的信息删除；还有一些病毒也可能只是一个玩笑。

所有计算机病毒的一个共同危害是降低计算机工作效率，世界上每年由于计算机感染病毒造成的损失达数亿美元。

（四）潜伏性特征

计算机病毒的潜伏性（隐蔽性）是指病毒具有依附其他媒体而寄生的能力，从病毒感染计算机系统开始到该病毒发作为止的这段时间，是病毒的潜伏期。编制巧妙的病毒程序，潜伏期可达数月甚至数年。在潜伏期里，病毒不断复制备份送到其他系统，只有在满足特定条件后才启动其表现模块，显示发作信息或进行系统破坏。病毒潜伏性越好，存在时间越长，传染范围越广泛。

不经过程序代码分析或计算机病毒代码扫描，病毒程序与正常程序不易区别开。计算机病毒程序取得系统控制权后，计算机一般仍然能够运行，被感染的程序也能执行，用户不会感到明显的异常。正是由于这种隐蔽性，计算机病毒得以在用户没有察觉的情况下扩散传播。计算机病毒的隐蔽性还表现在病毒代码本身设计得非常短小，一般只有几百到几 K 字节，便于隐藏到其他程序中或磁盘的某一特定区域内。随着病毒编写技巧的提高，病毒代码本身还进行加密或变形，使得对计算机病毒的查找和分析更困难，容易造成漏查或错杀。

（五）寄生性特征

病毒程序嵌入宿主程序中，依赖于宿主程序的执行而生存，这就是计算机病毒的寄生性。病毒程序在侵入到宿主程序中后，一般对宿主程序进行一定的修改，宿主程序一旦执行，病毒程序就被激活，进而可以进行自我复制和繁衍。

（六）可触发性特征

计算机病毒因某个事件或某个数值的出现，诱发病毒进行感染或进行破坏，称为病毒的可触发性。条件控制包括时间日期、特定标识、特定资料出现、用户安全保密等级或文件使用次数条件。

为了隐蔽自己，病毒必须潜伏下来，少做动作。但如果完全不动，又失去了作用，因此病毒为了既有隐蔽性又有杀伤性，就必须给自己设置合理的触发条件。每个病毒都有自己的触发条件，如果满足触发条件，病毒就进行感染或破坏，如果还没有满足条件，病毒继续潜伏。

使计算机病毒发作的触发条件主要有以下三种：

(1) 利用系统时间作为触发器，这种触发机制被大量病毒使用。

(2) 利用病毒体自带的计数器作为触发器。病毒利用计数器记录某种事件发生的次数，一旦计数器达到设定值，就执行破坏操作。这些事件可以是计算机开机的次数，可以是病毒程序被运行的次数，还可以是从开机起被运行过的程序数量。

(3) 利用计算机内执行的某些特定操作作为触发器。特定操作是用户按下某些特定键的组合，可以是执行的命令，也可以是对磁盘的读写。

被病毒使用的触发条件多种多样，而且是由多个条件的组合触发。大多数病毒的组合条件是基于时间的，再辅以读写盘操作、按键操作以及其他条件。

二、计算机病毒的组成结构

计算机病毒是在计算机系统环境中存在并发展的，计算机系统的硬件和软件决定了计算机病毒的结构。计算机病毒是一种特殊的程序，它寄生在正常的、合法的程序中，并以各种方式潜伏下来，伺机进行感染和破坏。在这种情况下，我们称原先的那个正常的、合法的程序为病毒的宿主或宿主程序。计算机病毒具有感染和破坏能力，这与病毒的结构有关。计算机病毒在结构上有着共同性，一般由以下三个部分组成：

(1) 主控模块。主控模块是病毒的初始化部分，它随着宿主程序的执行而进入内存，负责病毒程序的组装和初始化工作，为传染部分做准备。

(2) 传染模块。传染模块可以将病毒程序传染到别的可执行程序上去，一般病毒在对目标进行传染前，要判断传染条件，判断病毒是否已经感染过该目标。

(3) 破坏模块。破坏模块是病毒间差异最大的部分，用于实现病毒程序编制者的破坏意图。前两部分是为这部分服务的。大部分病毒都是在一定条件下才会触发其破坏部分的。

可见，计算机病毒的中的传染模块是主控模块的携带者，主控模块依赖传染模块入侵系统。传染模块决定病毒传播方式，是判断一个程序是否为计算机病毒的首要条件。

三、计算机病毒的危害表现

在现阶段，由于计算机网络系统的各个组成部分、接口以及各连接层次的相互转换环节都不同程度地存在着某些漏洞和薄弱环节，而网络软件方面的保护机制也不完善，使得病毒通过感染网络服务器，进而在网络上快速蔓延，并影响到各网络用户的数据安全以及计算机的正常运行。一些良性病毒不直接破坏正常代码，只是为了表示它的存在，可能会干扰屏幕的显示，或使计算机的运行速度减慢。一些恶性病毒会明确地破坏计算机的系统资源和用户信息，造成无法弥补的损失。所以计算机网络一旦染上病毒，其影响要远比单机染毒更大，破坏性也更大。

计算机网络病毒的具体危害主要表现在以下方面：

第一，病毒发作对计算机数据信息的直接破坏。

第二，占用磁盘空间和对信息的破坏。

第三，抢占系统资源。

第四，影响计算机运行速度。

第五，计算机病毒错误与不可预见的危害。

第六，病毒的另一个主要来源是变种病毒。

第七，计算机病毒给用户造成严重的心理压力。

总之，计算机病毒像幽灵一样笼罩在广大计算机用户的心头，给人们造成巨大的心理压力，极大地影响了计算机的使用效率，由此带来的无形损失是难以估量的。

四、计算机病毒的技术发展

计算机病毒的广泛传播，推动了反病毒技术的发展。新的反病毒技术的出现，又迫使计算机病毒技术再次更新。两者相互激励，呈螺旋式上升，不断地提高各自的水平，在此过程中出现了许多计算机病毒新技术，其主要目的是为了使计算机病毒能够广泛地进行传播。

（一）超级病毒技术

超级病毒技术是一种很先进的病毒技术。其主要目的是对抗计算机病毒的预防技术。信息共享使病毒与正常程序有了汇合点。病毒借助于信息共享能够获得感染正常程序、实施破坏的机会。如果没有信息共享，正常程序与病毒相互完全隔绝，没有任何接触机会，病毒便无法攻击正常程序。反病毒工具与病毒之间的关系也是如此。如果病毒作者能找到一种方法，当一个计算机病毒进行感染、破坏时，让反病毒工具无法接触到病毒，消除两者交互的机会，那么反病毒工具便失去了捕获病毒的机会，从而使病毒的感染、破坏过程得以顺利完成。

由于计算机病毒的感染、破坏必然伴随着磁盘的读、写操作，所以预防计算机病毒的关键在于，病毒预防工具能否获得运行的机会以对这些读、写操作进行判断分析。超级病毒技术就是在计算机病毒进行感染、破坏时，使得病毒预防工具无法获得运行机会的病毒技术。

超级计算机病毒目前还比较少，因为它的技术还不为许多人所知，而且编制起来也相当困难。然而一旦这种技术被越来越多的人掌握，同时结合多态性病毒技术、插入性病毒技术，这类病毒将给反病毒的艰巨事业增加困难。

（二）抗分析病毒技术

抗分析病毒技术是针对病毒分析技术的，为了使病毒分析者难以清楚地分析出病毒原理，这种病毒综合采用了以下两种技术：

第一，加密技术。这是一种防止静态分析的技术，它使分析者无法在不执行病毒的情况下阅读加密过的病毒程序。

第二，反跟踪技术。此技术使分析者无法动态跟踪病毒程序的运行。

在无法静态分析和动态跟踪的情况下，病毒分析者是无法知道病毒工作原理的。

（三）多态性病毒技术

多态性病毒是指采用特殊加密技术编写的病毒，这种病毒每感染一个对象，就采用随机方法对病毒主体进行加密，不断改变其自身代码，这样放入宿主程序中的代码互不相同，不断变化，同一种病毒就具有了多种形态。

多态性病毒的出现给传统的特征代码检测法带来了巨大的冲击，所有采用特征代码法的检测工具和清除病毒工具都不能识别它们。被多态性病毒感染的文件中附带着病毒代码，每次感染都使用随机生成的算法将病毒代码密码化。由于其组合的状态多得不计其数，所以不可能从该类病毒中抽出可作为依据的特征代码。

多态性病毒也存在一些无法弥补的缺陷，所以，反病毒技术不能停留在先等待被病毒感染，然后用查毒软件扫描病毒，最后再杀掉病毒这样被动的状态，而应该采取主动防御的措施，采用病毒行为跟踪的方法，在病毒要进行传染、破坏时发出警报，并及时阻止病毒做出任何有害操作。

（四）插入性病毒技术

病毒感染文件时，一般将病毒代码放在文件头部，或者放在尾部，虽然可能对宿主代码做某些改变，但总的来说，病毒与宿主程序有明确界限。

插入性病毒在不了解宿主程序的功能及结构的情况下，能够将宿主程序拦腰截断。在宿主程序中插入病毒程序，此类病毒的编写也是相当困难的。如果对宿主程序的切断处理不当，则很容易死机。

（五）隐蔽性病毒技术

计算机病毒不需要采取隐蔽技术就能达到广泛传播的目的。计算机病毒刚开始出现时，人们对这种新生事物认识不足，然而，当人们越来越了解计算机病毒，并有了一套成熟的检测病毒的方法时，病毒若广泛传播，就必须能够躲避现有的病毒检测技术。

难以被人发现是病毒的重要特性。隐蔽好，不易被发现，可以争取较长的存活期，造成大面积的感染，从而造成大面积的伤害。隐蔽自己不被发现的病毒技术称为隐蔽性病毒技术，它是与计算机病毒检测技术相对应的，此类病毒使自己融入运行环境中，隐蔽行踪，使病毒检测工具难以发现自己。一般来说，有什么样的病毒检测技术，就有相应的隐蔽性病毒技术。

若计算机病毒采用特殊的隐形技术，则在病毒进入内存后，用户几乎感觉不到它的存在。

（六）破坏性感染病毒技术

破坏性感染病毒技术是针对计算机病毒消除技术而设计的。

计算机病毒消除技术是将被感染程序中的病毒代码摘除，使之变为无毒的程序。一般病毒感染文件时，不伤害宿主程序代码。有的病毒虽然会移动或变动部分宿主代码，但在内存运行时，还是要恢复其原样，以保证宿主程序正常运行。

破坏性感染病毒则将病毒代码覆盖式写入宿主文件，染毒后的宿主文件丢失了与病毒代码等长的源代码。如果宿主文件长度小于病毒代码长度，则宿主文件全部丢失，文件中的代码全部是病毒代码。一旦文件被破坏性感染病毒感染便如同得了绝症，被感染的文件，其宿主文件少则丢失几十字节，多则丢失几万字节，严重的甚至会全部丢失。如果宿主程序没有副本，感染后任何人、任何工具都无法补救，所以此种病毒无法做常规的杀毒处理。

一般的杀毒操作都不能消除此类病毒，它是杀毒工具不可逾越的障碍。破坏性病毒虽然恶毒，却很容易被发现，因为人们一旦发现一个程序不能完成它应有的功能，一般会将其删除，这样病毒根本无法向外传播，因而不会造成太大的危害。

综上所述，病毒技术是多种多样的，各方面都对反病毒技术带来严重的挑战。计算机病毒不仅仅是数量上的增长，而且在理论上和实践的技术上均有较大的发展和突破。从目前来看，计算机病毒技术领先于反病毒技术。只有详细了解病毒原理以及病毒采用的各种技术，才能更好地防治病毒。也只有对病毒技术从理论、技术上做一些超前的研究，才能对新型病毒的出现做到心中有数，达到防患于未然的目的。

五、计算机病毒的防范技术

1. 基于特征的扫描技术。基于特征扫描技术是目前最常用的病毒检测技术，首先通过分析已经发现的病毒，提取出每一种病毒有别于正常代码或文本的病毒特征，并因此建立病毒特征库。然后根据病毒特征库在扫描的文件中进行匹配操作。

2. 基于线索的扫描技术。基于特征的扫描技术由于需要精确匹配病毒特征，因此，很难检测出变形病毒。但病毒总有一些规律性特征，如有些变形病毒通过随机产生密钥和加密作为病毒的代码来改变自己。对于这种情况，如果检测到某个可执行文件的入口处存在实现解密过程的代码，且解密密钥包含在可执行文件中，这样的可执行文件可能就是感染了变形病毒的文件。基于线索扫描技术通常不是精确匹配特定二进制位流模式或文本模式，而是通过分析可执行文件入口处代码的功能来确定该文件是否感染病毒。

3. 防毒墙。内部网络中的大量病毒是内部网络终端访问 Internet 时植入的，因此，保证内部网络终端安全访问 Internet 是防御病毒的关键。防毒墙是一种用于防御病毒的网关，能够对流经该网关的 HTTP 消息、FTP 消息、SMTP 消息、POP3 消息进行深度检测，发现包含在消息中的各种类型的病毒，阻止病毒植入内部网络终端。

防毒墙检测病毒时，通常采用基于特征的扫描技术和基于线索的扫描技术，携带病毒特征库，允许在线更新病毒特征库。对压缩文件，解压后进行检测，解压层数可以达到 20 层。能够手工配置或自动建立染毒 Web 服务器列表，自动过滤来自这些 Web 服务器的网页。

4. 数字免疫系统。数字免疫系统由客户机、管理机和病毒分析机组成。

第一，客户机。客户机是安装病毒检测软件的终端，该病毒检测软件需要具有基于特征扫描和基于线索扫描的能力。

第二，管理机。管理机负责某个子网的管理工作，并负责和病毒分析机之间的通信。

第三，病毒分析机。病毒分析机是数字免疫系统的核心，在模拟运行环境中逐条解释可能感染病毒的可执行文件或文本文件，监控每一条指令的操作结果，确定该可执行文件或文本文件是否存在病毒，分析病毒的感染和破坏机理，形成检测该病毒的行为特征和代码特征。

第七章　计算机信息安全教育与管理策略

第一节　计算机信息安全教育策略

新时期，是“信息化时代”，是“互联网+”时代，在这个时代背景之下，人们享受着网络社会所带来的众多便利的同时，也不可避免地受到网络安全问题所带来的影响。对此，要将计算机信息安全教育融入到计算机网络教学中，着眼于当前计算机网络教学中所存在的问题，引导受教育者切实掌握计算机信息安全技术，养成充足的计算机信息安全意识，规范操作，为整个网络环境的安全而贡献自己的力量与智慧。加强受教育者信息安全教学的策略包括以下三点：

一、树立计算机信息安全意识

切实做好计算机信息安全教育的各项工作，着重于引导和促进受教育者逐步树立计算机信息安全意识，着力于受教育者良好计算机信息安全防范意识和能力的培养与提升。让受教育者真正实现正确、健康、文明的网络操作。

（一）引导受教育者正确认识并合理使用网络

教育者应当能够引导受教育者树立对计算机信息安全的正确认知，为此要制定和完善受教育者的网络道德行为守则与标准，鼓励和引导受教育者严格遵循。就其具体内容来讲，比如“要诚实友好交流，不侮辱欺诈他人”“要有益身心健康，不沉溺虚拟时空”“要维护网络安全，不破坏网络秩序”等。除此以外，教育者还要注重组织和引导受教育者正确使用互联网来为自己的学习与成长服务，比如通过网络来搜索学习资料，利用网络来开展线上教学，与线下教学一起来推进混合式教学法，以此来巩固与提升教学成效。

（二）利用法律与道德来规范和引领受教育者

互联网搭建的虚拟世界当中，具有高度的开放性，比如对于计算机网络的使用者和参与者的主体身份等并没有具体的限制和约束，当前网络监管方面也仍然存在很多盲区与不到位之处。但是，对于任何一个计算机互联网的使用者和参与者而言，并不能够因此而失去约束，更不能利用这种开放性来实施非法活动。对此，应当加强相关法律宣讲与道德引领，开展主题式教育，让受教育者明确自己在网络环境下的责任与义务，行为与准则，提升受教育者的网络法律意识及道德修养。当然，除此之外，还要注重受教育者信息鉴别能力的培养与提升，比如不要随意打开和回复未知邮件等信息，不要相信网络中的各种诱惑信息，尽量设置复杂形式的网络账户密码等。为构建健康、和谐的网络环境贡献自己的力量与智慧的同时，在必要时能够拿起法律武器来维护自己的合法权益。

（三）善于创设多样文化生活来吸引受教育者

为了进一步增强受教育者的计算机信息安全意识，规避计算机信息安全问题的出现，应当善于运用多种有效教学实践来启迪与引导受教育者。其中，尤其是要善于创设多样化的文化生活来吸引受教育者，为增强受教育者的计算机信息安全意识，规避非安全事件的发生。举例来讲，我们可以组织开展以“计算机信息安全”为主题的系列活动大赛，以情景表演与再现的方式来进行，让受教育者在看表演，听故事的过程当中，直观感知计算机信息安全问题是大问题，也是关乎我们每个人的重要问题，从案例故事当中，加强对计算机信息安全知识的理解和能力的掌握。另外，我们还要以网络信息为载体和依托，组织实施多元丰富的文化活动，比如微视频动画设计大赛等。这样一来，既丰富了课余、工作之外的休闲生活，也使受教育者积极参与到自己喜爱的各种文化艺术活动中，减少沉溺于网络的时间，从而有效规避各种网络安全问题。

二、实施多样化的计算机信息安全教学策略

在计算机网络教学过程中，为了将计算机信息安全教育融入到教学中的同时，切实提升计算机信息安全教学的效率与质量，教育者就必须要创新教学方法，特别是要实施多样化的教学策略。

（一）情景教学法

情景教学，顾名思义就是要基于所创设的情景来开展教学。教育者要将计算机信息安全问题的相关情景应用到教学当中来，以操作系统有关课程知识的教学为例，教育者可以将系统补丁的分发升级以及部署防病毒软件等的实践使用场景加以演示。再比如，在网络课程学习过程中，教育者可以结合相应情景，融入安全口令认证、主机防火墙配置等方面的知识。这样一来，使受教育者结合对应所包含着的实际情景，更加直观而深刻地学习与掌握其中的原理，增强对系统安全防范等方面知识与能力的理解与掌握。

（二）趣味教学法

兴趣是最好的老师，以趣味来激发受教育者兴趣，增强受教育者学习动力，提升受教育者对计算机安全信息知识的理解和吸收。举例来讲，教育者可以借助有趣的实验来展示病毒的传播与感染过程，如局域网流行的 ARP 病毒，将该病毒攻击计算机所显示的中奖

等垃圾信息展示出来，以此来引诱用户点开链接，从而造成计算机感染病毒。基于这样的趣味性教学实践过程，可以让受教育者更加容易理解教学内容，更有助于达到计算机信息安全教育的目标。

三、强调计算机信息安全具体的实用性表现

计算机信息安全问题，是一个现实问题，也是围绕在我们日常生活中的一个生活问题，更是关乎我们每个人信息安全乃至于利益的重要问题。在教学过程当中，教育者要多强调一些计算机信息安全具体的实用性表现，让受教育者学习其中的关键技术与操作要领的同时，增强受教育者在信息安全学习中的实用性表现。举例来讲，在日常教学过程当中，教育者要从基础部分入手，组织引导受教育者学习和知晓系统补丁的及时更新、主机病毒防范的基本安全知识、对某一病毒的应对处理方法等。

第二节　计算机信息安全管理策略

所谓管理，是在群体活动中，为了完成一定的任务，实现既定的目标，针对特定的对象，遵循确定的原则，按照规定的程序，运用恰当的方法，所进行的制订计划、建立机构、落实措施、开展培训、检查效果和实施改进等活动。其中，管理的任务、目标、对象、原则、程序和方法是管理策略的内容，一系列的管理活动是在管理策略的指导下进行的。所以，先要明确管理策略，然后才是开展管理活动。

安全管理是以管理对象的安全为任务和目标的管理。安全管理的任务是保证被管理对象的安全。安全管理的目标是达到管理对象所需的安全级别，将风险控制在可以接受的程度。信息安全管理是以信息及其载体即信息系统为对象的安全管理。信息安全管理的任务是保证信息的使用安全和信息载体的运行安全。信息安全管理的目标是达到信息系统所需的安全级别，将风险控制在用户可以接受的程度。信息安全管理有其相应的原则、程序和方法，指导和实现一系列的安全管理活动。

一、信息安全管理体系

（一）信息安全管理体系的概念

“坚持管理与技术并重”是我国加强信息安全保障工作的主要原则。信息安全管理体系（Information Security Management System，ISMS）是 1998 年前后从英国发展起来的信息安全领域中的一个新概念，是管理体系（Management System，MS）思想和方法在信息安全领域的应用。近年来，伴随着 ISMS 国际标准的修订，ISMS 迅速被全球接受和认可，

成为世界各国各种类型、各种规模的组织解决信息安全问题的一个有效方法。ISMS认证随之成为组织向社会及其相关方证明其信息安全水平和能力的一种有效途径。“它的主要内容是组织机构单位按照信息安全管理体系相关标准的要求，制定信息安全管理方针和策略，采用风险管理的方法进行信息安全管理计划、实施、评审检查、改进的信息安全管理执行。”

ISMS是信息安全管理活动的直接结果，表现为方针、原则、目标、方法、计划、活动、程序、过程和资源的集合，是涉及人、程序和信息技术的系统。

（二）信息安全管理的重要性

在信息时代，信息是一种资产。随着人们对信息资源的利用价值的认识不断提高，信息资产的价值在不断提升，信息安全的问题越发受到重视。针对各种风险的安全技术和产品不断涌现，如防火墙、入侵检测、漏洞扫描、病毒防治、数据加密、身份认证、访问控制、安全审计等，这些都是信息安全控制的重要手段，并且还在不断地丰富和完善。但是，这容易给人们造成一种错觉，似乎足够的安全技术和产品就能够完全确保一个组织的信息安全。其实不然，仅通过技术手段实现的安全能力是有限的，主要体现在以下两方面：

第一，许多安全技术和产品远远没有达到人们需要的水准。例如，在计算机病毒与病毒防治软件的对抗过程中，经常是在一种新的计算机病毒出现并已经造成大量损失后，才能开发出查杀该病毒的软件，也就是说，技术往往落后于新风险的出现。

第二，即使某些安全技术和产品在指标上达到了实际应用的某些安全需求，如果配置和管理不当，还是不能真正地满足这些安全需求。例如，虽然在网络边界设置了防火墙，但由于风险分析欠缺、安全策略不明或是系统管理人员培训不足，防火墙的设置出现严重漏洞，其安全功效将大打折扣。再如，虽然引入了身份验证机制，但由于用户安全意识淡薄，再加上管理不严，使得口令设置不当或保存不当，造成口令泄露，那么依靠口令检查的身份验证机制会完全失效。

因此，仅靠技术不能获得整体的信息安全，需要有效的安全管理来支持和补充，才能确保技术发挥其应有的安全作用，真正实现整体的信息安全。

二、信息安全管理的实施过程

信息安全管理实施过程是最早由美国质量统计控制之父Shewhat提出的PDS（Plan Do See）演化而来的，由美国质量管理专家戴明改进成为PDCA模式，所以又称为“戴明环”。

PDCA的含义如下：P（Plan）——计划；D（Design）——设计（原为Do，执行）；C（Check）——检查；A（Act）——修正，对成功的经验加以肯定并适当推广、标准化，对失败的教训加以总结，将未解决的问题放到下一个PDCA循环里。以上四个过程不是运行一次就结束，而是周而复始地进行，一个循环完了，解决一些问题，未解决的问题进入下一个循环，这样阶梯式上升。

（一）P——建立信息安全管理体系环境及风险评估

要启动PDCA循环，必须有“启动器”：提供必需的资源，选择风险管理方法，确定评审方法，文件化实践。设计策划阶段就是为了确保正确建立信息安全管理体系的范围和详略程度，识别并评估所有的信息安全风险，为这些风险制订适当的处理计划。策划阶段的所有重要活动都要被文件化，以备将来追溯和控制更改情况。

1. 确定范围和方针

信息安全管理体系可以覆盖组织的全部或者部分。无论是全部还是部分，组织都必须明确界定体系的范围，如果体系仅涵盖组织的一部分这就变得更重要了。组织需要文件化信息安全管理体系的范围，信息安全管理体系范围文件应该涵盖：确立信息安全管理体系范围和体系环境所需的过程；战略性和组织化的信息安全管理环境；组织的信息安全风险管理方法；信息安全风险评估标准以及所要求的保证程度；信息资产识别的范围；信息安全管理体系存在的其他信息安全管理体系的控制范围。在上述情况下，上下级控制的关系有下列两种可能：

（1）下级信息安全管理体系不使用上级信息安全管理体系的控制。在这种情况下，上级信息安全管理体系的控制不影响下级信息安全管理体系的PDCA活动。

（2）下级信息安全管理体系使用上级信息安全管理体系的控制。在这种情况下，上级信息安全管理体系的控制可以被认为是下级信息安全管理体系策划活动的“外部控制”。尽管此类外部控制并不影响下级信息安全管理体系的实施、检查、措施活动，但是下级信息安全管理体系仍然有责任为已确认的这些外部控制提供充分的保护。

安全方针是关于在一个组织内，指导如何对信息资产进行管理、保护和分配的规则、指示，是组织信息安全管理体系的基本法。组织的信息安全方针，是描述信息安全在组织内的重要性，表明管理层的承诺，提出组织管理信息安全的方法，为组织的信息安全管理提供方向和支持。

2. 定义风险评估的系统性方法

确定信息安全风险评估方法，并确定风险等级准则。评估方法应该和组织既定的信息安全管理体系范围、信息安全需求、法律法规要求相适应，兼顾效果和效率。组织需要建立风险评估文件，解释所选择的风险评估方法，说明为什么该方法适合组织的安全要求和业务环境，介绍所采用的技术和工具，以及使用这些技术和工具的原因。评估文件还应该规范下列评估细节：

（1）信息安全管理体系内资产的估价，包括所用的价值尺度信息。

（2）威胁及薄弱点的识别。

（3）可能利用薄弱点的威胁的评估，以及此类事故可能造成的影响。

（4）以风险评估结果为基础的风险计算，以及剩余风险的识别。

3. 识别风险

识别信息安全管理体系控制范围内的信息资产；识别对这些资产的威胁；识别可能被威胁利用的薄弱点；识别保密性、完整性和可用性丢失对这些资产的潜在影响。

4. 评估风险

根据资产保密性、完整性或可用性丢失的潜在影响，评估由于安全失败可能引起的商业影响；根据与资产相关的主要威胁、薄弱点及其影响，以及目前实施的控制，评估此类失败发生的现实可能性；根据既定的风险等级准则，确定风险等级。

5. 识别并评价风险处理的方法

对于所识别的信息安全风险，组织需要加以分析，区别对待。如果风险满足组织的风险接受方针和准则，那么就有意地、客观地接受风险；对于不可接受的风险，组织可以考虑避免风险或者转移风险；对于不可避免也不可转移的风险，应该采取适当的安全控制，将其降低到可接受的水平。

6. 选择控制目标与控制方式

选择并文件化控制目标和控制方式，以将风险降低到可接受的等级。在设定可接受的风险等级时，控制的强度和费用应该与事故的潜在费用相比较。这个阶段还应该策划安全破坏或者违背的探测机制，进而安排预防、制止、限制和恢复控制。风险处理计划是组织针对所识别的每一项不可接受风险建立的详细处理方案和实施时间表，是组织安全风险和控制措施的接口性文档。风险处理计划不仅可以指导后续的信息安全管理活动，还可以作为与高层管理者、上级领导机构、合作伙伴或者员工进行信息安全事宜沟通的桥梁。这个计划至少应该为每一个信息安全风险阐明以下内容：组织所选择的处理方法；已经到位的控制；建议采取的额外措施，建议控制的实施时间框架。

7. 获得最高管理者的授权批准

剩余风险的建议应该获得批准，开始实施和运作信息安全管理体系需要获得最高管理者的授权。

（二）D——实施并运行

PDCA 循环中这个阶段的任务是以适当的优先权进行管理运作，执行所选择的控制，以管理策划阶段所识别的信息安全风险。对于那些被评估认为是可接受的风险，不需要采取进一步的措施。对于不可接受风险，需要实施所选择的控制，这应该与策划活动中准备的风险处理计划同步进行。计划的成功实施需要有一个有效的管理系统，其中要规定所选择方法、分配职责和职责分离，并且要依据规定的方式方法监控这些活动。

在不可接受的风险被降低或转移之后，还会有一部分剩余风险。应对这部分风险进行控制，确保不期望的影响和破坏被快速识别并得到适当管理。本阶段还需要分配适当的资源（人员、时间和资金）运行信息安全管理体系以及所有的安全控制。这包括将所有已实施控制的文件化，以及信息安全管理体系文件的积极维护。

提高信息安全意识的目的就是产生适当的风险和安全文化，保证意识和控制活动的同步，还必须安排针对信息安全意识的培训，并检查意识培训的效果，以确保其持续有效和实时性。如有必要应对相关方实施有针对性的安全培训，以支持组织的意识程序，保证所有相关方能按照要求完成安全任务。本阶段还应该实施并保持策划了的探测和响应机制。

（三）C——监视并评审

检查阶段又叫学习阶段，是PDCA循环的关键阶段，是信息安全管理体系要分析运行效果，寻求改进机会的阶段。如果发现一个控制措施不合理、不充分，就要采取纠正措施，以防止信息系统处于不可接受的风险状态。

组织应该通过多种方式检查信息安全管理体系是否运行良好，并对其业绩进行监视，可能包括下列管理过程：

(1) 执行程序和其他控制以快速检测处理结果中的错误；快速识别安全体系中失败的和成功的破坏；能使管理者确认人工或自动执行的安全活动达到预期的结果；按照商业优先权确定解决安全破坏所要采取的措施；接受其他组织和组织自身的安全经验。

(2) 常规评审信息安全管理体系的有效性；收集安全审核的结果、事故，以及来自所有股东和其他相关方的建议和反馈，定期对信息安全管理体系有效性进行评审。

(3) 评审剩余风险和可接受风险的等级；注意组织、技术、商业目标和过程的内部变化，以及已识别的威胁和社会风尚的外部变化，定期评审剩余风险和可接受风险等级的合理性。

(4) 审核是执行管理程序以确定规定的安全程序是否适当，是否符合标准，以及是否按照预期的目的进行工作。审核的就是按照规定的周期（最多不超过一年）检查信息安全管理体系的所有方面是否行之有效。审核的依据包括组织所发布的信息安全管理程序，应该进行充分的审核策划，以便审核任务能在审核期间内按部就班地展开。

管理者应该确保有证据证明：信息安全方针仍然是业务要求的正确反映；正在遵循文件化的程序（信息安全管理体系范围内），并且能够满足其期望的目标；有适当的技术控制(例如防火墙、实物访问控制)，被正确地配置，且行之有效；剩余风险已被正确评估，并且是组织管理可以接受的；前期审核和评审所认同的措施已经被实施；审核会包括对文件和记录的抽样检查，以及口头审核管理者和员工。

(5) 正式评审：为确保范围保持充分性，以及信息安全管理体系过程的持续改进得到识别和实施，组织应定期对信息安全管理体系进行正式的评审（最少一年评审一次）。

(6) 记录并报告能影响信息安全管理体系有效性或业绩的所有活动、事件。

（四）A——改进

经过了策划、实施、检查之后，组织在措施阶段必须对所策划的方案下结论：是应该继续执行，还是应该放弃，重新进行新的策划。当然该循环给管理体系带来明显的业绩提升，组织可以考虑是否将成果扩大到其他的部门或领域，这就开始了新一轮的 PDCA 循环。在这个过程中组织可能持续地进行以下操作：

测量信息安全管理体系满足安全方针和目标方面的业绩；识别信息安全管理体系的改进，并有效实施；采取适当的纠正和预防措施；沟通结果及活动，并与所有相关方磋商；必要时修订信息安全管理体系，确保修订达到预期的目标。在这个阶段需要注意的是，很多看起来单纯的、孤立的事件，如果不及时处理就可能对整个组织产生影响，所采取的措施不仅具有直接的效果，还可能带来深远的影响。组织需要把措施放在信息安全管理体系持续改进的大背景下，以长远的眼光来打算，确保措施不仅致力于眼前的问题，还要杜绝类似事故再发生或者降低其再发生的可能性。

不符合、纠正措施和预防措施是本阶段的重要概念。

不符合：实施、维持并改进所要求的一个或多个管理体系要素缺乏或者失效，或者是在客观证据基础上，信息安全管理体系符合安全方针以及达到组织安全目标的能力存在很大不确定性的情况。

纠正措施：组织应确定措施，以消除信息安全管理体系实施、运作和使用过程中不符合的原因，防止再发生。组织的纠正措施的文件化程序应该规定以下方面的要求：识别信息安全管理体系实施、运作过程中的不符合；确定不符合的原因；评价确保不符合不再发生的措施要求；确定并实施所需的纠正措施；记录所采取措施的结果；评审所采取措施的有效性。

预防措施：组织应确定措施，以消除潜在不符合的原因，防止其发生。预防措施应与潜在问题的影响程度相适应。预防措施的文件化程序应该规定以下方面的要求：识别潜在不符合及其原因；确定并实施所需的预防措施；记录所采取措施的结果；评审所采取的预防措施；识别已变化的风险，并确保对发生重大变化的风险予以关注。

三、信息安全管理标准与策略

（一）信息安全管理标准

全国信息安全标准化技术委员会最新发布的《信息安全国家标准目录》中，包括所有正式发布的信息安全国家标准信息，主要包括标准编号、名称、对应国际标准以及标准主要范围等信息，以便了解信息安全国家标准制修订整体情况。其中共包含七大类信息安全标准：基础类标准、技术与机制类标准、信息安全管理标准、信息安全测评标准、通信安全标准、密码技术标准、保密技术标准。

我国的信息安全管理标准研制工作是从跟踪研究国际标准起步的。随着我国信息安全保障体系建设进入全面规划、统筹发展的新时期，与国家各项信息安全保障重要工作相适应，我国的信息安全管理标准化工作也有了较大的发展，取得了较为显著的成果。管理基础标准 GB17859-1999《计算机信息系统安全保护等级划分准则》规定了计算机信息系统安全保护能力的五个等级，即：

第一级：用户自主保护级。

第二级：系统审计保护级。

第三级：安全标记保护级。

第四级：结构化保护级。

第五级：访问验证保护级。

该标准适用于计算机信息系统安全保护技术能力等级的划分。计算机信息系统安全保护能力随着安全保护等级的增高，逐渐增强。

信息安全管理标准化成果主要覆盖了以下领域或方面：

（1）等同或修改转化了国际信息安全管理体系标准族中的基础、核心标准。

（2）支撑信息安全管理体系实施的信息安全控制有关的技术标准或指南。

（3）支撑国家电子政务建设、信息安全等级保护、政府信息系统检查等重点信息安全保障工作的配套安全管理标准。

（4）有关信息安全风险评估与管理、应急与事件管理、灾备服务管理、外包管理、供应链风险管理、个人信息保护等的标准或规范。

（5）新技术新应用相关的信息安全管理标准，包括工业控制系统安全管理、云计算安全管理等。

（二）信息安全策略

信息安全策略是一组规则，它们定义了一个组织要实现的安全目标和实现这些安全目标的途径。信息安全策略可以划分为两个部分，问题策略和功能策略：问题策略描述了一个组织所关心的安全领域和对这些领域内安全问题的基本态度；功能策略描述如何解决所关心的问题，包括制定具体的硬件和软件配置规格说明、使用策略以及雇员行为策略。信息安全策略必须有清晰和完全的文档描述，必须有相应的措施保证信息安全策略得到强制执行。在组织内部，一方面，必须有行政措施保证既定的信息安全策略被不打折扣地执行，管理层不能允许任何违反组织信息安全策略的行为存在；另一方面，也需要根据业务情况的变化不断地修改和补充信息安全策略。

信息安全策略的内容应该有别于技术方案，信息安全策略只是描述一个组织保证信息安全的途径的指导性文件，它不涉及具体做什么和如何做的问题，只需指出要完成的目标。信息安全策略是原则性的，不涉及具体细节，对于整个组织提供全局性指导，为具体的安全措施和规定提供一个全局性框架。在信息安全策略中不规定使用什么具体技术，也不描述技术配置参数。信息安全策略的另外一个特性就是可以被审核，即能够对组织内各个部门信息安全策略的遵守程度给出评价。信息安全策略的描述语言应该是简洁的、非技术性的和具有指导性的。比如一个涉及对敏感信息加密的信息安全策略条目可以描述为“任何类别为机密的信息，无论存储在计算机中，还是通过公共网络传输时，必须使用本公司信息安全部门指定的加密硬件或者加密软件予以保护”。这个叙述没有谈及加密算法和密钥长度，所以当旧的加密算法被替换，新的加密算法被公布的时候，无须对信息安全策略进行修改。

1. 信息安全策略的基本原则

信息安全策略应遵循以下基本原则:

(1) 最小特权原则。最小特权原则是信息系统安全的最基本原则。最小特权原则的实质是任何实体仅拥有该主体需要完成其被指定任务所必需的特权，此外没有更多的特权。最小特权可以尽量避免将信息系统资源暴露在侵袭之下，并减少因特别的侵袭造成的破坏。

(2) 建立阻塞点原则。阻塞点就是在网络系统对外连接通道内，可以被系统管理人员进行监控的连接控制点。在那里系统管理人员可以对攻击者进行监视和控制。

(3) 纵深防御原则。安全体系不应只依靠单一安全机制和多种安全服务的堆砌，而应该建立相互支撑的多种安全机制，建立具有协议层次和纵向结构层次的完备体系。通过多层机制互相支撑来获取整个信息系统的安全。在网络信息系统中常常需要建立防火墙，用于网络内部与外部以及内部的子网之间的隔离，并满足不同程度需求的访问控制。但不能把防火墙作为解决网络信息系统安全问题的唯一办法，要知道攻击者会使用各种手段来进行破坏，甚至有的手段是无法想象的。这就需要采用多种机制互相支持，例如安全防御(建立防火墙)、主机安全(采用堡垒主机)以及加强保安教育和安全管理，只有这样才能更好地抵御攻击者的破坏。

(4) 监测和消除最弱点连接原则。系统安全链的强度取决于系统连接的最薄弱环节的安全态势。防火墙的坚固程度取决于它最薄弱点的坚固程度。侵袭者通常是找出系统中最弱的一个点并集中力量对其进行攻击。系统管理人员应该意识到网络系统防御中的弱点，以便采取措施进行加固或消除它们的存在，同时也要监测那些无法消除的缺陷的安全态势，对待安全的各方面要同样重视而不能有所偏重。

(5) 失效保护原则。安全保护的另一个基本原则就是失效保护原则。一旦系统运行错误，当其发生故障必须拒绝侵袭者的访问，更不允许侵袭者跨入内部网络。当然也存在一旦出现故障，可能导致合法用户也无法使用信息资源的情况。这是确保系统安全必须付出的代价。

(6) 普遍参与原则。为了使安全机制更为有效，绝大部分安全系统要求员工普遍参与，以便集思广益来规划网络的安全体系和安全策略，发现问题，使网络系统的安全设计更加完善。一个安全系统的运行需要全体人员共同维护。

(7) 防御多样化原则。像通过使用大量不同的系统提供纵深防御而获得额外的安全保护一样，也能通过使用大量不同类型、不同等级的系统得到额外的安全保护。如果配置的系统相同，那么只要知道如何侵入一个系统，也就会知道如何侵入所有的系统。

(8) 简单化原则。简单化作为安全保护策略有两方面的含义：一是让事物简单便于理解；二是复杂化会为所有的安全带来隐藏的漏洞，直接威胁网络安全。

(9) 动态化原则。计算机信息安全问题是一个动态的问题，因此对安全需求和事件应进行周期化的管理，对安全需求的变化应及时反映到安全策略中去，并对安全策略的实施加以评审和审计。

首先，网络本身具有动态性；其次，信息安全问题具有动态性，这些动态性都决定了不存在一劳永逸的安全解决问题。

因此，网络系统需要以动制动，具体从三方面进行：一是安全策略要适应动态网络环境发展和安全威胁的变化；二是安全设备要满足安全策略的动态需要；三是安全技术要不断发展，以充实安全设备。

2. 信息安全策略的内容

信息安全策略主要包括物理安全策略、系统管理策略、访问控制策略、资源需求分配策略、系统监控策略、网络安全管理策略和灾难恢复计划。

（1）物理安全策略。物理安全策略的目的是保护计算机系统、网络服务器、打印机等硬件实体和通信链路免受自然灾害、人为破坏和搭线攻击；验证用户的身份和使用权限，防止用户越权操作；确保计算机系统有一个良好的电磁兼容工作环境，建立完备的安全管理制度，防止非法进入计算机控制室和各种偷窃、破坏活动的发生。抑制和防止电磁泄漏是物理安全策略的一个主要问题。

（2）系统管理策略。系统管理策略负责制定系统升级、监控、备份、审计等工作的指导方针和预期目标。系统管理人员和维护人员依据这些策略安排自己的具体工作。这些策略应该明确规定什么时间、用多少时间去升级系统，什么时候应该如何进行系统监控，什么时候进行日志审查和系统备份，等等。策略必须足够详细，以帮助系统管理人员确切知道对系统和网络需要做哪些工作。

（3）访问控制策略。访问控制是网络安全防范和保护的主要策略，它的主要任务是保证网络资源不被非法使用和非授权访问。它也是维护网络系统安全、保护网络资源的重要手段。各种安全策略必须相互配合才能真正起到保护作用，但访问控制可以说是保证网络安全最重要的核心策略之一。

（4）资源需求分配策略。该策略是根据网络资源的职责确定哪些用户允许使用哪些设备，例如用户如何获得授权访问打印机，哪些用户可以在某个时间段内使用，用户采用何种登录方式（远程 / 本地）才能使用设备，哪些用户可以获得系统程序和应用程序的使用授权，授权访问哪些数据，并指定对用户的授权方式和程序。

（5）系统监控策略。网络管理员应对网络实施监控，服务器应记录用户对网络资源的访问。对非法的网络的访问，服务器应以图形、文字或声音等形式报警，以引起网络管理员的注意。如果不法分子试图进入网络，网络服务器应自动记录企图尝试进入网络的次数，如果非法访问的次数达到设定数值，那么该账户将被自动锁定。

（6）网络安全管理策略。在网络安全中，除了采用上述技术措施之外，加强网络的安全管理，制定有关规章制度，对于确保网络的安全、可靠地运行，将起到十分有效的作用。网络的安全管理策略包括：确定安全管理的等级和安全管理的范围，制定有关网络操作使用规程和人员出入机房管理制度，制定网络系统维护制度和应急措施。

(7) 灾难恢复计划。灾难恢复计划是指在紧急情况或安全事故发生而导致系统崩溃、数据丢失等现象时，如何保障计算机信息系统继续运行或紧急恢复到问题发生前的正常运行状态。灾难恢复计划是信息安全管理人员所面临的最大的难题之一。简单的可能是单个系统瘫痪的恢复，复杂的可以是一个大型跨国公司的业务运作系统如何从自然灾害和恶性事故中恢复。一份切实有效的保障计划和恢复计划是信息安全管理策略的重中之重。

四、信息安全的组织管理

我国信息安全管理格局是一个多方“齐抓共管”的体制，由工信部、公安部、国家安全部、国家保密局、国家密码管理委员会、专家顾问组、安全审计机构、安全培训机构等多家机构共同组成，分别履行各自的职能，共同维护国家信息安全。由于信息安全保障涉及信息安全、网络安全、技术安全、管理安全、内容安全、个人行为安全等多方面和层次，因此产业部门、保密部门、机要部门、安全部门、公安部门、文化部门、宣传部门等都要参与管理。不同部门实际上是在管理着信息安全某个方面或者某种属性，也就是管理部门传统职能在网上的表现和反映。

（一）信息安全人员管理

人员安全管理和控制是信息安全管理中的重要环节。“在信息安全要素中，信息安全管理必须依赖于员工的日常安全操作。”除加强法制建设，通过法律制裁形成一种威慑，并通过伦理道德教育提高整体素质外，还应采取科学的管理措施，减少作案的机会，减少犯罪，以获得安全的环境。通常对信息安全管理人员有以下管理要求：

1. 安全授权

计算机网络必须设立网络安全管理机构，网络安全管理机构设置网络安全管理员，如需要还可设立分级网络管理机构和相应的网络管理员。此外，还应建立、健全岗位责任制，指定不同的管理员在岗位上可能处理的最高密级信息，即安全授权。

安全授权包括：专控信息的授权、机密信息的授权、秘密信息的授权和受控信息的授权四类。其中专控信息的授权是对网络管理机构的最高领导、网络安全管理员及专门指派的人员的授权，是处理最高机密的授权。

除上述四类授权外，尚有一种临时授权，即对需要临时接触专控信息的人给予临时专控信息授权，但需要对他接触专控信息进行审查，只有审查合格后才可获得授权。

2. 安全审查

在工作人员获准接触、保管机密信息前，必须对他们进行安全审查。对新进入的工作人员按照其本人申请表中的个人历史逐一审查，必要时要亲自会见证明人，对以前的经历和人品进行确认。除新职工外，对在职人员也要定期审查。当某工作人员婚姻状况发生变化，或被怀疑违反了安全规则，或是对其可靠性产生怀疑时，都要重新审查。

安全警卫员应具有所保卫的重要机房最高密级的授权，应按此标准挑选、审查。

对清洁工也要和工作人员一样进行审查，未经严格审查的清洁工在处理保密信息的重要机房工作时，应自始至终处于工作人员的监视之下。

3. 调离交接

一旦重要岗位的工作人员辞职或调离，应立即取消他出入安全区、接触保密信息的授权。应给调离人员一份书面要求，告知他有义务对工作期间接触的涉密信息继续保密，否则将受到行政或刑事处罚。必要时调离人员应签字，说明已接受并对今后的行为负责。调离人员办理手续前，应交回所有的证章、通行证、授权、说明手册、使用资料等。调离人员走后，所有他接触过、使用过的访问控制物品必须更换或处理。

4. 安全教育

对各类人员进行安全意识教育和岗位技能培训，告知人员相关的安全责任和惩戒措施。定期对工作人员进行安全教育，包括听讲座，观看影片、录像资料，学习信息安全材料等，以此提高工作人员的信息安全防护意识。

（二）信息安全制度管理

在信息安全中，最活跃的因素是人。对人的管理包括法律、法规与政策的约束、安全指南的帮助、安全意识的提高、安全技能的培训、人力资源管理措施以及企业文化的熏陶，这些功能的实现都是以完备的安全管理政策和制度为前提。这里所说的安全管理制度包括信息安全工作的总体方针、策略、规范各种安全管理活动的管理制度以及管理人员或操作人员日常操作的操作规程。

安全管理制度主要包括管理制度制定和发布、评审和修订三个控制点。不同等级的基本要求在安全管理制度方面有不同的体现。

一级安全管理制度要求：主要明确了制定日常常用的管理制度，并对管理制度的制定和发布提出基本要求。

二级安全管理制度要求：在控制点上增加了评审和修订，管理制度增加了总体方针和安全策略，和对各类重要操作建立规程的要求，并且管理制度的制定和发布要求组织论证。

三级安全管理制度要求：在二级要求的基础上，要求机构形成信息安全管理制度体系，对管理制度的制定要求和发布过程进一步严格和规范。对安全制度的评审和修订要求领导小组负责。

四级安全管理制度要求：在三级要求的基础上，主要考虑了对带有密级的管理制度的管理和管理制度的日常维护等。

参考文献

[1] 楚丙奇．将网络信息安全教育融入到学校计算机网络教学中的策略研究 [J]. 中国多媒体与网络教学学报，2021（03）：195-197.

[2] 高立静.防火墙技术在计算机网络安全中的应用[J].网络安全技术与应用,2022(06)：11-12.

[3] 耿倩影，汤喜红，王丽华．从组织管理的角度探讨信息安全的影响因素 [J]. 中国卫生信息管理杂志，2019，16（05）：559.

[4] 谷利国，陈存田，张甲瑞，等.防火墙策略应用管理研究[J].信息与电脑(理论版)，2020，32（21）：31-32.

[5] 顾陈磊，刘宇航，聂泽东，等.指纹识别技术发展现状[J].中国生物医学工程学报，2017，36（04）：470-482.

[6] 顾穗珊，刘姗姗．信息安全管理体系构建与对策研究 [J]. 情报科学,2019,37（08）：109.

[7] 何恩南．计算机网络安全及防火墙技术分析研究综述 [J]. 珠江水运，2020（18）：51-52.

[8] 蒋回生．网络环境下的计算机病毒及防范研究 [J]. 无线互联科技, 2021, 18（230）：26-27.

[9] 荆方，瞿华峰．计算机软件开发中分层技术的实践运用 [J]. 石河子科技,2022(02)：42-44.

[10] 李根．计算机网络信息安全在大数据下的防护措施探究 [J]. 福建茶叶,2020,42(2)：23-24.

[11] 李丽萍．数据加密技术在计算机网络安全中的运用 [J]. 计算机光盘软件与应用，2014，17（01）：169+171.

[12] 李新明，张功萱，施超，等．可信计算机平台密钥管理 [J]. 南京理工大学学报（自然科学版)，2010，34（04）：431-435+447.

[13] 李振汕．进程管理在计算机病毒诊断与防治中的作用 [J]. 信息网络安全,2009(9)：58-60.

[14] 林世城．虚拟化技术在计算机技术中的运用研究 [J]. 信息与电脑（理论版)，2022，34（01）：26-28.

[15] 芦天亮，李国友，吴警，等．计算机病毒中的密码算法应用及防御方法综述 [J]. 科技管理研究，2020，40（2）：207-215.

[16] 潘银松，颜烨，高瑜 . 计算机导论 [M]. 重庆：重庆大学出版社，2020.
[17] 荣喜丰 . 云计算技术在计算机网络安全存储中的应用 [J]. 电子技术与软件工程，2020（22）：252.
[18] 宋礼鹏，韩燮 . 计算机病毒的演化与控制 [J]. 计算机工程与设计，2011，32（7）：2252-2255.
[19] 童怡 . 计算机技术在艺术创新领域的应用研究 [J]. 湖北开放职业学院学报，2022，35（03）：9-10.
[20] 汪磊 . 人工智能在计算机网络技术中的应用 [J]. 电子技术，2021，50（11）：31.
[21] 王菲，仇宇婕 . 云计算技术在计算机网络安全存储中的应用 [J]. 现代工业经济和信息化，2021，11（11）：132-133.
[22] 王亮 . 计算机网络安全的新阶段分析与应对策略 [J]. 煤炭技术，2013，32（3）：208-209.
[23] 王曙光 . 指纹识别技术综述 [J]. 信息安全研究，2016，2（04）：343-355.
[24] 王晓军 . 可信计算机平台密钥管理探析 [J]. 计算机光盘软件与应用,2014,17(05)：97-98.
[25] 肖英，邹福泰 . 计算机病毒及其发展趋势 [J]. 计算机工程，2011，37（11）：149-151.
[26] 徐洁磐 . 计算机软件基础 [M]. 北京：中国铁道出版社，2013.
[27] 杨帆 . 人工智能在计算机网络技术中的应用 [J]. 集成电路应用，2022，39（02）：178-179.
[28] 尹飞 . 早期计算机密码学的历史及影响 [J]. 自然辩证法通讯，2019，41（12）：54-59.
[29]张亚娟.基于ETSM的可信计算机平台密钥管理[J].电子技术与软件工程,2019(01)：182-183.
[30] 赵婧华，朱建平，叶波 . 计算机硬件故障诊断与维护技巧 [J]. 数字技术与应用，2021，39（11）：100-102.